U0870755

好脾气的智慧

李艾伦 ◎ 著

中国纺织出版社有限公司

内 容 提 要

掌控情绪才能掌控人生，优秀的人从来不会输给情绪，因为好脾气会为他们赢得好人缘，而好人缘往往会帮助他们赢得事业成功。

本书通过现实生活中实用的案例，教你如何调节自己的情绪，如何控制你的脾气，教你做情绪的主人，成为一个脾气好、人缘好、运气好的人。

图书在版编目（CIP）数据

好脾气的智慧 / 李艾伦著. -- 北京：中国纺织出版社有限公司，2021.7

ISBN 978-7-5180-8419-7

Ⅰ. ①好… Ⅱ. ①李… Ⅲ. ①情绪—自我控制—通俗读物 Ⅳ. ①B842.6-49

中国版本图书馆CIP数据核字（2021）第046293号

责任编辑：张 羽　　责任校对：高 涵　　责任印制：储志伟

中国纺织出版社有限公司出版发行

地址：北京市朝阳区百子湾东里A407号楼　邮政编码：100124

销售电话：010—67004422　传真：010—87155801

http://www.c-textilep.com

中国纺织出版社天猫旗舰店

官方微博 http://weibo.com/2119887771

三河市宏盛印务有限公司印刷　各地新华书店经销

2021年7月第1版第1次印刷

开本：880×1230　1/32　印张：6

字数：107千字　定价：39.80元

凡购本书，如有缺页、倒页、脱页，由本社图书营销中心调换

前言

生活中，每个人都有自己的个性，一个人一个脾气，没有人能完全一样。人有好脾气，也就有坏脾气，但是脾气不一样，人生的结果也不尽相同。其实，一个人的运气是藏在他的脾气里的，脾气越好，人缘越好，福报才会越多。

好脾气的人有好心态，为人处世落落大方，会得到好人缘，人们都喜欢跟这样的人相处，有什么好事，也都会想着他。这样一来，他身边聚集的好人缘也越来越多，人也更加乐观长寿。这就是能量效应，好脾气带来的好的效应。一个人若是情绪不好，其实就是智慧不够。一个有智慧的人，才能控制自己的情绪，而好脾气，就是能够控制情绪的结果。

辛尼说："好脾气宛如晴天，到处流放着光亮。"好脾气的人有好人缘，有好人缘就会有好福报。好脾气的人有好的人生，人如果有了福报，他的身体就能常葆健康，生活就会充满快乐幸福。脾气好的人，大多是善良的，是宽厚的，是能够带给人光亮的，这样的人，上天也会善待他的。

清末名臣林则徐的书房里，有一块匾额写着两个字：制怒。制怒，就是控制怒气，别让坏情绪控制自己的思想和行为。林则徐遵守“制怒”警惕自己的行为，因为好脾气，他在混沌的清末时代留下了好名声。每个人都需要警惕自己的言行，修炼自己的脾气，这样成功会离你越来越近。

编著者

2020年12月

目录

第一章

人生总会有风雨，用好心情驱散生活的阴霾

坏情绪要宣泄，别做“闷葫芦”

华盛顿·欧文说：“气度狭小就被逆境驯服，宽宏大量则足以把逆境克服。”因此，我们在生气时不要否认压抑成闷气，要懂得接纳并调整自己的心情。在日常生活中，我们常常会说到“发脾气”和“生闷气”，这两者之间有什么区别呢？发脾气，是指用语言、动作等显性行为将那些对某人或某事不满的情绪发泄出来，这是生气时的外在表现；生闷气，是指将那些不愉快的情绪压抑在心里，不外露，也就是赌气。其实，这是生气时的内在表现。虽然从表面上看，无论是“发脾气”还是“生闷气”都是生气，但是它们的表现方式却大有不同。表现方式的差异将直接导致其后果的不同性。或许，有人认为发脾气会伤了彼此的和气，但是，如果我们发泄的前提是为了对方好，伤了和气又怎样呢？大量事实证明，人与人之间的关系并不如想象中的和睦，如果有什么不开心的事情就一味地生闷气，对方永远不知道你的真正情绪是什么，而且，生活中多一些吵闹也并不是一件坏事。

有一位被大家公认“好脾气”的人这样说道：“其实，每次看到令我感觉不好的人和事，我内心都相当地生气，但是我极力克制自己，不断告诉自己‘要保持自己的形象，千万不要发脾气’，结果，每一次我都忍耐了下来，可是时间长了，我发现，由于心中闷气的郁积，我的脾气越来越大，一点小事就可以让我的情绪变得无比激动，可又不好当面发作，常常是事情过去以后，我就气得砸东西。虽然我是公认的‘好脾气’，但是，好像我已经陷入了恶劣情绪的旋涡了。”也许，总有一天，这位“好脾气”先生会忍不住爆发，而到那时他自己也成为了闷气宣泄的陪葬品了。

小萌刚刚大学毕业，尚不懂得如何应对上司、如何恰当处理同事关系，但是，当她找到了第一份工作的时候，父亲这样告诉她：“丫头，公司不比家里，在家里，我和你妈妈都会让着你，你生气了可以砸东西，大哭，甚至大骂，但是，在公司是绝对不行的，凡事需要忍耐，这样你才能赢得上司和同事的喜欢。”小萌点点头，踏着欢快的脚步走进了公司大门。

可是，两个月不到，小萌的脚步就变得无比沉重了。似乎自己在公司真的做得很好，大到公司老总，小到清洁阿姨，都对小萌十分喜欢，因为小萌的脸上时刻挂着笑容，从来不生气，从来不指责谁。同事都忍不住夸赞小萌：“你的脾气真好，刚才这件事明明是主管自己疏忽了，他那样责骂你，你还是笑着面对，换了是我，早就和主管对骂起来了。”小萌笑着点点头，心里在想：我的脾气也不好啊，当时，我就想拿着文件朝他脸上砸去了。可是，这毕竟是公司啊，不是在家里，这里不是自己撒野的地方。于是，在这样每天都需要伪装笑脸、强忍怒火的日子里，小萌感觉很累，每次回到家里，小萌都忍不住发泄一番，心中的苦闷不知道向谁诉说。终于，在难忍之下，小萌拖着疲惫的身子走进了心理咨询室的大门。

人生在世，我们难免会遇到一些不顺心的事情，哪怕是一家人，也免不了“锅碗碰瓢盆”，于是，有人会生点气、发发牢骚，这是很正常的。在生活中，看不惯某些人和事，偶尔闹点情绪，埋怨，指责，这都不足为奇。而最不能接受的一种状况是，不声不响将不满情绪憋在肚子里生闷气，而且，生闷气是一种极坏的生活习惯，不仅消耗自己的精力，而且会引发疾病，影响身心健康。

当然，生气、发怒并不是一件坏事，毕竟人有七情六欲，如果总是强制压抑，这样怒气就会变成闷气，这样反而容易爆发崩裂。如果能够释放心中的怒气，发泄不满情绪，解除烦闷，反而能使身心感到轻松愉快。在某些时候，该发脾气就发脾气，不需要压抑自己的情感，因为不适当的压抑，很有可能形成生闷气的习惯，结果会适得其反。不过，生活中的我们应该少生气，不能常生气，如果真的到了“怒不可遏”的地步，那就痛痛快快地发泄出来，这样有利于情感的释放，有益于身心健康。

现在，一些国外专家研究表明，发脾气比生闷气好。虽然，在大多数人看来，发脾气有损自己的修养和形象，似乎这是一件伤大雅的事情。但是，科学家却对此公布了一项研究结果：当人感到气愤而想发脾气时，如果能够即刻宣泄出来，会有利于自己的身体健康。其实，生闷气对我们的身体有极为严重的伤害：一方面，经常生闷气不利于心脏的健康；另一方面也会影响我们身体的免疫系统的正常功能，从而引起大脑内的激素变化。对此，专家建议，与其闷在那里自己和自己生气，不如宣泄心中不满情绪，懂得接纳生气的自己，努力调整自己的情绪，这样会更有效地减少外界环境对人所产生的不利影响。

脾气走了，你的运气就来了

一个人的魅力，除了外表，更需要有深层次的东西，那就是性格、气质和修养，而其中最重要的就是一个人的性格，即脾气，因为一个人的性格往往影响着其命运。在西方，流传着这样一句名言：“播下一个行为， 收获一种习惯；播下一种习惯，收获一种性格；播下一种性格，收获一种命运。”对一个人来说，性格是左右其命运的重要因素和神秘力量，一个人脾气的好坏将直接影响其婚姻的美满、事业的顺利和生活的幸福，好脾气是人幸福一生的积极推动力。

一个人的脾气越好，他的交际能力就越强，所建立起来的人际关系就越融洽，这使得他的事业、生活也容易取得成功。或许，你对此种观点不予赞同，但是，事实确实是这样，不生气的好脾气能帮自己迎来好福气。

一位太极师傅说：“要想练好功夫，首先要改好自己的脾气，因为脾气走了，你的福气也就来了。”坏脾气的人心中常有一股无名火，生活中稍有不如意之事，脾气就莫名其妙地爆发了。其实，在很多时候，脾气越坏，运气也越差，运气越差，脾气更坏，于是，一个坏脾气的人陷入了自己设置的情绪轮回之中。或许，人们真的忽略了“脾气与福气”的密切关系。在现实生活里，我们常常感叹：“真没福气，哪一件事情都没有顺着自己的意思。”可是，发完脾气后，你会发现，福气并不是由我们所控制的，只有控制了自己的情绪，才能迎来好的福气。所以，改掉自己的坏脾气吧。每天对着镜子微笑，肯定自己，相信自己就是最棒的，通过这样一次次的练习，你会发现，本来暴躁的心平静了下来，心情也开朗了。改掉了自己的坏脾气，你会发现自己越来越有福气了。

王太太自认为是一个坏脾气的人，她常年在外面工作，这么多年来，她将在外面受的委屈和痛苦、遭遇的不顺和烦恼，一股脑儿地倾倒给了家人。有时候，母亲做的饭菜不可口，她都要嘟囔抱怨好半天；父亲没能帮她办成事情，她就对父亲黑几天脸；母亲心疼孙子多给了零花钱，王太太也会毫不留情地大声数落。

即使是面对朝夕相处的老公，王太太也没好脸色。老公拖地不干净，她会瞪大了眼睛斥责；老公应酬晚归了，她会堵在家门口教训他；儿子作业没认真写，她气得将孩子的作业本摔在地上；儿子成绩下降，拿着试卷，王太太就暴跳如雷。这么多年，家里似乎没有安宁的日子，王太太也疲惫了。

母亲常常对王太太说："你这孩子，人能干，心地也善良，就是脾气不好。"老公也说："你这人，一辈子全是脾气害了你！"孩子也多次表示抗议："妈妈呀，啥时候改改你那坏脾气，我就少流几次眼泪。"

坏脾气让王太太的家庭失去了原有的和谐与温馨，一般而言，坏脾气的人很容易与他人发生矛盾或争执，这对于本来亲密无间的关系无疑是一种威胁。有的人因为坏脾气失去了最爱的人，有的人因为坏脾气走上了不归路……足以见得，坏脾气给我们的生活带来的是晦气、灾难，坏脾气一旦来临，福气也就走了。

李先生刚刚在家里发了脾气，突然想起该理发了，于是，带着阴郁的脸色，他走进了一家理发店。李先生一边回想起刚才与老婆的争吵，心中越想越气，这时，理发师捋着他的头发说："你的头发很软，先生，你一定是好脾气的人。"李先生愣住了，自己怎么能算是好脾气呢？从小自己就是出了名的打架大王，常常因为一点点小事就跟人打架；在部队的时候，出于对战友的嫉妒，将对方的鼻子打出了血；就在三十岁的时候，还差点对一个同事动手了。自己怒发冲冠挥拳相向的事情并不少，怎么会是一个"好脾气"的人呢？

李先生透过镜子看到那位理发师，笑了，活了大半辈子，才明白，好脾气是应该受到赞美的，是应该得到尊重的。于是，理发师建议李先生不要再理平头，而是把头发蓄起来换个发型，李先生想也没想就回答："好的。"

或许，李先生的头发真的变软了，他嘴里开始经常出现“好的”，以前，他与老婆的意见永远不可能一致，越吵心情就越不好，心情越不好就越吵，吵架简直成了家常便饭。不知道从哪天开始，李先生不再执拗自己的意见了，老婆说：“今晚炖条鱼来吃。”李先生会笑着回答：“好的。”过一会儿，老婆说：“今晚吃红烧肉。”李先生依然回答：“好的。”再过一会儿，老婆说：“好像这大鱼大肉都没啥好吃的，干脆炒个小菜算了。”李先生回答说：“好的。”可是，快到吃晚饭的时候，还是不见饭菜，老婆说：“今天我不想做了，干脆到外面吃吧。”李先生依然好脾气地回答：“好的。”好脾气真的能带来好福气，老婆在李先生的好脾气下也自觉收敛了自己的脾气，彼此相敬如宾，感情日益深厚。

在漫长而美好的一生中，最重要的就是拥有好脾气，一个好脾气的人会在纷繁复杂的人际关系中寻找自己的一片天地，并能够在复杂的人际关系中应对自如、游刃有余。对于一个人来说，要想处理好与他人之间的关系，所依靠的并不是外在，而是你的脾气。在人际交往中，我们发现，那些最受欢迎的人无疑是好脾气的人，因为只有拥有好脾气，不悲不怒，才能与人建立融洽的关系。而且，你要相信，不生气的好脾气能够帮我们迎来源源不断的好福气。

别拿冲动做赌注

生活总是充满着各种各样的惊喜和惊吓以及诸般不如意和柳暗花明又一村的转折，在它们没有真正发生之前，我们往往很难判断自己所面对的境况到底属于哪种。这时，适时适度的忍让就显得很重要了。假如一遇到状况就爆发，那么，我们非但无法把握也许即将到来的机会，甚至还有可能失去原本拥有的很多。人们常说，冲动是魔鬼。这是有一定道理的。每个人都应该学会忍让，因为忍一时风平浪静，退一步海阔天空。

从古至今，忍得一时的屈辱而换来人生成就的人不在少数。例如，张良忍让得兵书从而成为一代良将，韩信忍得胯下之辱才能日后成才，勾践能屈能伸甘心为奴才有机会为国雪耻。其实，现代人也不例外。在生活和工作中，如果有了委屈，千万不要突然爆发，要知道，很多时候你的眼睛看到的未必是事实，你的耳朵听到的未必是真相。当务之急，就是要保持头脑的冷静，用一颗理智的心来面对问题，处理问题。这样，你的人生必然因为你的宽容隐忍而豁然洞开，使你远离误会与烦恼，迎来人生的春天。

张良是刘邦手下的良将，他之所以能够留名天下，与一本偶然得之的兵书是分不开的。

张良从小就忠厚守信，勤奋好学。在兵荒马乱之际，他逃到下邳避难。一年的秋天，张良因为读书太累了，所以去桥上散步，在桥上遇到了一个老头。张良刚刚过桥，老头就突兀地喊道："小孩别走，请你下去帮我把鞋拾上来。"张良看到老人年纪确实很大了，就一语不发地下桥帮老人把鞋子拾了上来。不想，张良刚刚走了几步，老人又喊道："小孩，你再帮我把鞋子穿上吧。"老人的态度一点儿都不礼貌，张良心中有些不悦。但是他转念一想，老人年纪都这么大了，帮他穿鞋也没什么。因此，他回转过来，恭顺地帮老人把鞋子穿上了。

张良走了老远，老头又在身后喊道："喂，小孩你赶紧回来。"张良心里直犯嘀咕：这个老头又有什么事？他忍住心中的不耐烦，回到老头面前问："老人家，你的鞋子是不是又掉了？"

"不是的，"老头说，"我看你孺子可教，想教你点儿本领。明天早晨，你在这儿等我。"

"真的吗？"张良高兴地问。

"当然是真的。一言为定。"老头斩钉截铁地说。

次日清晨，天刚蒙蒙亮，张良就来到了桥上。不想，老人已经先到了。老人说："你怎么才来呀！今天太晚了，你等明天再来吧。"说完，老人就扬长而去了。

第三天清晨，天还没亮，张良就来到桥上，但是老人还是来得比张良早。看到张良姗姗来迟，老人不悦地说："你怎么老是这么晚才来呢！"说完，老人头也不回地走了。张良心生惭愧，他决定明天一定要早早地来。

当晚，张良之后没有再睡觉，而是点灯夜读，刚刚半夜就摸黑去桥上等老人。张良等呀等呀，等了很久很久，一直快到天亮了，老人才远远地走来了。看见老人来了，张良赶紧起身上前施礼迎接。老人看到张良虚心求教的样子很满意，拿出一本书给张良说：“你把这本书拿回去认真地读一读，将来必能定天下乱世之秋。”说完，老人把书交给张良。张良对老人感激不尽，追问老人的尊姓大名，老人边走边摆手说：“我姓黄名石，在济北谷城山下住。”渐渐地，老人的身影消失了……

原来，老人给张良的这本书是《太公兵法》。张良把书拿回家后勤奋苦读，认真琢磨，掌握了书中的精髓，最终成了刘邦手下杰出的将才。

如果不是因为忍耐，张良就无法从老人手中得到这本珍贵的《太公兵法》，也就无法成为一代良将。虽然我们不是张良，也未必有机会得到失传已久的兵书，但是，生活中的机会无处不在，我们只有学会宽容地对待别人，才能够使自己的人生得到更多的机会。

彬彬有礼的人更受欢迎

“忍一时风平浪静，退一步海阔天空。”在与人交往的过程中， 如果能够学会退让，懂得适时适度地糊涂一点，那么不仅不会使彼此的矛盾激化，还会赢得他人的尊重和认可。所以，做人要糊涂一些，只知道前进不知道让步的人有勇往直前的干劲，但不成熟。

隋炀帝大业十一年（公元615年），李渊被诏封为太原留守，奉命讨捕一群盗寇。他上任后没多久，北边的突厥又率领数万兵马来袭击太原，想要一举夺取太原城池。李渊便派自己的爱将王康达出战，当时他手上的兵马不多，所以他只能拨千余兵马给王康达，没想到交战没多久，就几乎全军覆灭，只有王康达一个狼狈逃回军营。

后来，李渊巧使疑兵之计才勉强吓跑了突厥兵。更让人生气的是，在突厥的支持和庇护下，郭子和、薛举等人趁着战乱，纷纷起兵闹事。这让李渊防不胜防，因为他随时都有被隋炀帝借口失责而杀头的危险。

为此，人们都以为李渊怀着刻骨仇恨，一定会与突厥决一死战。可没想到的是，李渊竟派遣谋士刘文静为特使，向突厥屈节称臣，并把所有的金银珠宝都送给了始毕可汗，以表达自己的投诚之心。李渊这种屈节让步的行为，让他的儿子们都深感耻辱。

然而，李渊在周围人的指责之下，依然能够做到“众人皆醉我独醒”。因为他知道，虽然屈节让步的确有点丢人，但对于他这种好玩弄政治手段的人又算得了什么。原来李渊根据天下大势，早已决定起兵反隋。而要想起兵成大气候，太原虽算得上是一个军事重镇，但却不是一个理想的发家基地。他必须西入关中，才能够号令天下。而太原又是李唐大军万万不可丢失的根据地。他要用什么办法才能保住太原并顺利西进呢？

当时，李渊手下的兵将不过三四万人马，既想要屯驻太原，应付突厥的随时出没，又要追剿有突厥撑腰的四周盗寇，真可谓难上加难。为此，他才采取和亲政策，让突厥“坐受宝货”。

果然不出李渊所料，唯利是图的始毕可汗真的答应与李渊重归于好。由于李渊的举动让突厥人觉得他是甘心让步，始毕可汗还送给李渊不少马匹及士兵。于是，李渊又乘机购来更多马匹。没过多久，他就拥有了一支战斗力极强的骑兵。他不仅在关中站稳了脚跟，还拥有了辽阔的根据地。

留一步，让三分，是一种谨慎的处世方法，适当谦让不仅不会招致危险，反而是寻求安宁的有效方式。个人生活中，除了原则问题必须坚持，对于小事，对于个人利益，谦让一定会带来身心的愉快以及和谐的人际关系。有时，这种“退”即是“进”，“予”即是“得”。

懂得退让并不是说没有自己的原则，退让也是有所讲究的。那么你知道怎么做一个谦让有礼的人吗？以下几点大家可以参考：

1.头脑清醒，懂得低头

不管在什么时候，我们都要保持清醒的头脑，在世事的曲折变化中，及时调整策略，懂得低头退让。因为，真正的强者必定不会是一个只懂逞强的人，而一个懂得退让的人，其心里必然装着整个大局。

2.暂退一步，懂得伺机而动

回避锋芒，不直接对抗，能让你的心灵自在、祥和，矛盾也会在迂回曲折中得到妥善解决。一旦回避了锋芒，你就会发现事情原本可以很简单。识时务者为俊杰，当你处于矛盾的旋涡中时，当你处于矛盾的焦点时，你不妨暂退一步，再伺机逃脱。

3.保持住自己的底线和原则

有些事情可以退让，但是涉及原则的问题是不可以退让的，否则就失去了自己做人的底线。此外，对于那些不识抬举、咄咄逼人的人，我们没必要一味妥协，因为他们并不懂得你的心意，对他们妥协就是对自己的不负责。

4.处事温和，善于引导对方

与人交谈的过程中，先不要急着去否定对方，应该尽量避免和人争辩，先以一种平和从容的姿态顺着对方的意思去说，然后慢慢地引导对方了解自己的错误。只有这样，才不会激化矛盾，把小事弄大。善于说话的人都是善于引导对方、懂得化解矛盾的人。

在进退两难的时候，懂得退让，换一种思维方式考虑问题，这未尝不是一种解决问题的有效途径。在走不通的地方，要知道退让一步、让人先行的道理；在走得过去的地方，也一定要给予人家三分的便利，这样才能逢凶化吉、一帆风顺。

敢于主动选择

每个人从呱呱落地到不断成长和成熟起来，都必然要经历诸多的选择，或者是得到，或者是失去，毋庸置疑，每一种选择都是艰难的。有人说人生就是由诸多选择组成的，我们在选择的同时，必须不断地放弃那些原本不属于我们或者已经退出我们生命舞台的东西。也就是说，一个人只能选择唯一的道路。的确，要想做出选择，就必须有所舍弃，当然，好的选择也让我们得到更多。尤其是现代社会，很多人都面临形形色色的诱惑，导致人生陷入欲望的深渊，如果不及时放弃这些不切实际的欲望，我们的人生必然被欲望捆绑，我们也就无法轻装上阵，奔向最终的成功。

当然，舍弃并非总是轻易就能下定决心的。当我们面临选择时，只有学会放弃，才能理智舍弃。有很多人都对舍弃存在误解，觉得舍弃就是失败，是做人的莫大遗憾。其实，如果朋友们会下围棋，就会知道我们偶尔放弃小的利益，就能得到大的利益。正如古人所说，鱼与熊掌不可兼得也。如果我们总是绞尽脑汁地想要得到更多，只怕我们最终会一无所有。

有个男孩大学毕业后一直没有找到特别理想的工作，因而他决定参加计算机培训班，提升自己的计算机水平。这个培训班需要学习一年，男孩现在还有两个月就要毕业了。正当此时，他通过朋友得知，有一家世界知名的计算机公司正在招聘人才，不但待遇丰厚，而且这家公司发展很好，未来晋升空间很大。不过，这家公司的招聘已经持续了一段时间，如果不抓紧时间去面试，就会错失这个好机会。但是如果面试通过，就必须马上上岗，这样一来男孩就无法完成还剩下两个月的计算机培训课程，更拿不到培训班的结业证书。思来想去，男孩始终很犹豫，因而他决定和父亲商量这件事情。

得知事情的原委后，父亲买回家两个很大的西瓜，让男孩抱起一个西瓜，然后又让男孩抱起另一个西瓜。但是这两个西瓜真的太大了，即便是抱起一个西瓜，都要用两只手。对于男孩而言，他根本不可能再抱起一个大西瓜。因而他一筹莫展地看着父亲。父亲似乎看出了男孩的心思，追问："你如何抱起另一个西瓜呢？"男孩摇摇头，说："我只有两只手，这根本不可能。"父亲笑着说："其实是有办法的，你再好好想想。"男孩思来想去，始终找不到合理的解决方法。这时，父亲示意他放下怀中的那个西瓜，说："现在，你再把另一个西瓜抱起来。"果不其然，男孩轻而易举就抱起来另一个西瓜。父亲语重心长地说："人生在世，不可能把所有的好事情都占全。我们必须学会适时地舍弃，才能腾出手来，抓住更重要的人生际遇。"男孩恍然大悟，他放弃了培训，选择去那家公司面试。果不其然，他如愿以偿地进入那家公司，获得了自己心仪已久的工作。

很多千载难逢的好机会总是转瞬即逝，假如故事中的男孩在面对这样的机会时迟疑不定，那么他就会错失这个好机会，导致自己懊悔不已。幸好，父亲以两个西瓜打消了他的顾虑，使他意识到在机会面前不能犹豫，而要果断取舍。其实，每个人在人生之中都有可能面对形形色色的机会，也要做出各种比较为难的选择。要想让自己变得更加坚强勇敢，我们就必须学会舍弃，否则我们就会错失良机，追悔莫及。要知道，很多时候舍弃并非被动地失去，而是主动地选择，因而更符合我们的需求，也能够给我们的人生带来好的结果。

当你们因为舍弃感到痛心时，不妨想一想自己也许会因祸得福，因此得到更多，收获更多。当然，很多情况下我们自身并无法决定人生的得失。面对被动地失去，我们也要怀有坦然的心境，这样才能让自己从容洒脱，明智地拥抱和接纳生活。人生是一场旅行， 我们唯有轻松上阵，才能走得更快、更好。就让我们忘记人生中那些因为舍弃而生的痛苦吧，对于任何人而言，最重要的都是往前看，奔向前方。

调节情绪，不被负面情绪所累

现如今，人们在繁杂沉重的生活重压下，不得不为生存四处奔波，面对残酷的竞争，总是有一些不好的情绪出现，慢慢渗入我们的生活。想要更好的生活，不妨试试调节自己的情绪和自我放松，为自己创建一片心灵的净土，发现生活的绚烂多彩。

就像这位叫尼克的年轻人，别人都发现一个十分奇怪的现象，每当他和别人有矛盾冲突的时候，他就跑走了，想吵架都找不到人。

后来，一次偶然的机会，大家才发现尼克每次都是跑到自己家，然后绕着自己的房子跑步。随着尼克的金钱越来越多，他的房子和土地面积也越来越大，他生气时跑的圈也越来越大，然后人们就会看到他坐在空地上的身影。

很多人对他的这一举动不理解，有人问他这么做的意义，可不管别人怎么问，尼克都笑而不语。

转眼间几十年过去了，他是这里拥有房子和土地最多的人。在这几十年间，他也不是没有和别人有矛盾的时候，每次生气都要绕着土地和房子走几圈已经成为一种习惯，虽然自己年岁已高，拄着拐杖不方便，但他依然坚持那样做。他的儿子们没有办法，只有让平时他最疼的小孙女出马。

孙女再三恳求他："爷爷！您已经上了年纪，而且是这里最富有的人，你就不要一生气就绕着土地跑了。"

尼克说："没事，这已经成为一种习惯了，年轻时，每当我情绪不佳时，就要绕着土地跑三圈发泄一下，在跑的过程中我就会想，我的房子这么小，土地这么少，我有什么资格与别人生气？一想到这里，憋在心里的气就发泄出来，转而化做动力用来努力工作。"

孙女继续问道："爷爷！那你现在年纪大了，而且也是最富有的人，为什么还要这么做呢？"

尼克笑着说："虽然我已经上了年纪，可是我还是会生气，生气时绕着房地走三圈，这时想法发生了变化，一边走我又会一边想：我的房子这么大，土地这么多，我又何必跟人家生气呢？想到这儿，气也就全消了。”

尼克的不好情绪都在跑步中逐渐消失了，这就是他调节自己情绪的有效方法。情绪的产生我们很难把控，那么有了不好的情绪就代表着不幸福吗？其实，每个人都会有情绪，也会有不良情绪，严重影响我们的身心健康。有了不良情绪并不可怕，我们应该学会调节自己的情绪，让自己不受负面情绪所累。想要自我调节情绪，你可以借鉴以下方法。

1.培养自己具有乐观的生活态度

生活中，我们总会遇到各种各样的困难和挫折，如果我们以乐观、积极的态度去面对，相信问题也会迎刃而解。勇敢地去面对现实，充分享受生活给我们的考验，即使在黑暗中也能看到生活的美好。

2.宣泄坏情绪

坏的情绪一定要及时宣泄出去。无论你是喜欢将烦恼藏于内心还是挂在脸上，都不要让坏情绪在你身上停留太久。你可以选择去做运动、购物、找人倾诉，但是不要让那些心理垃圾停留太久，垃圾产生的味道会污染周边的环境，你的坏情绪不及时处理也会伤害自己、家人、朋友以及更多的无辜者。

3.转移注意力

注意转移法就是把自己的注意力从一种情绪状态中转移到另一种能引起其他情绪状态的事情上。例如，一个人在苦闷、难受的时候，不妨出去放松一下，去跑一跑，看一场电影，逛逛街，看看自己喜爱的比赛等，以转移自己的注意力，使自己迅速从不良情绪中解脱出来。

在漫长的人生旅途中，我们总是不断地在遭遇挫折与自我调节之间慢慢成长，衍生出无数的烦恼与忧愁。人生的道路并不是一帆风顺的，当中也肯定有曲折参与其中。只有在不断的自我调节中才能逐渐成熟，发现生活的美好，才能应对人生的各种挫折，去迎接更加精彩的人生。

第二章

丢弃无用的烦恼，发现点滴的快乐

请擦亮眼睛，快乐一直都在

现实社会的生活有多糟糕，大概每个独自拼搏过的人都体会过。经常听到有人对着一个即将从大学校园走入社会并且心怀美好梦想的年轻人感叹道："唉，还是没有经过社会的毒打，等他工作个一到两年，他就会发现这个世界是多么残酷。"是啊，社会是挺残酷的，但是即使在这样艰难的条件下，人就会变得不快乐吗？到底是这个社会让你没有快乐的机会，还是你限制了你自己快乐的权利。

18世纪的英国心理学家霍布斯认为：快乐是"善"的感觉，是心灵的"表象"，而痛苦则是"恶"的感觉，是良知的"隐象"。没人有剥夺快乐的权利，只是你自己非要一直盯着自己不快乐的那些过往，所以你的心里始终都被那些不幸的事情蒙蔽，找不到有什么可以让自己快乐的事情，你无法感知来自陌生人的善意，你也不知道用自己的善举去温暖别人。但是快乐从来都不需要寻找，它其实一直都在你心里，只要你擦掉心灵的阴霾，就能够感知这个世界的阳光。

乐观阳光的人不只自己是快乐的，同时也能给身边的人带去很多欢乐。文婧读书的那段时光过得异常艰难，尤其是读高中时的那段日子。小时候文婧一直是大家羡慕的好学生，性格

好，学习成绩好，永远是人群中大家注目的那个。但是在文婧读高中的时候，一堂体育课上突然感觉头晕目眩，紧接着就晕倒了，同学们赶忙把她送进医院，从此文婧开始了自己休学的时光。

半年之后，文婧重新返回课堂，很多课就再也跟不上了，她的内心也很焦急，每次考试之后的她总是会在哭泣中度过。同学们知道文婧的特殊情况，便会主动帮她补课，她的好朋友也一直都陪在她的身边，陪她吃饭上课，父母也很担心她的状况，隔一段时间就来学校看她一次。但是文婧的心里只有自己没做好的功课，越是焦急学习效果也就越不明显。

高考之后，文婧上了一所不是很好也不是很差的大学，选择了一个自己喜欢的专业。在自由度更高的大学校园里，文婧开始变得开朗，学业已经不是她的压力，而丰富多彩的文娱生活也让她觉得生活更加放松，她开始觉得生活并不只有学习，她有爱她的父母，陪伴她的好朋友，大家在一起奋斗着、努力着就是生命最重要的意义。

现在的文婧，有一份自己特别喜欢的工作，又有一群爱好电影的好朋友交流心得，每天生活得简单充实。每天在清晨的第一缕阳光中醒来就觉得是幸福的。

快乐从来都在你身边围绕，在文婧觉得很艰难的时刻，来自父母的关爱、同学的陪伴都应该是让人的内心觉得更加的温暖，但是文婧那个时候只能看到自己始终都提高不了的学习成绩，她忽略了来自生活的快乐，但是快乐却从来都没有缺少，也许只要她抬起头就能感受得到。后来的文婧放下心中学业的执念，看到那些生活中的小确幸，她就是快乐的。

不要考虑自己没有什么，要认真想一想自己现在拥有什么。当你陷入自己得不到却又想要得到的死循环就会让自己更加难受，何不想想该怎么样才能让自己抓住在意的东西，努力是从来不会让人迷茫的方式之一，擦亮眼睛，你会看到快乐一直都在。

让忙碌赶走青葱岁月的烦恼

萧伯纳说："让人忧愁的秘诀就是，有空闲时间来想一想自己到底快活不快活。"人的不快乐都是自己胡思乱想出来的，当你在思考的时候你就会一点一点地否定自己，这样一个思考的过程本身就是一件让人忧虑的事情。你只有让自己忙碌起来，专注做一件事情的时候才会让人屏蔽一切外界的信号和干扰，而完成之后的你会觉得自己这段时间异常的充实，并且不用考虑自己到底快不快乐。

很多人在独处的时光中总觉得自己寂寞，但是就有很多人喜欢独处，享受孤单。因为后者一直都在忙碌着，他们做着自己喜欢做的事情，甚至觉得自己的时间不够用，而前者压根就不知道自己想要干什么，拿起手机就一直在刷，关上手机却不知道自己这一天到底都干了些什么，所以他们会一直忧虑自己到底在做什么，自己到底想要做什么。

人生到了这个阶段，张俊从来没觉得有这么艰难。大学毕业之后，学习室内设计专业的张俊进入了一家工作室，从设计助理开始做起。他自认为自己还算勤奋，但是却频频得不到老板的认可。张俊自己的设计风格太过独特，虽然是好的设计，但是有很多地方都得不到大众的认可，所以老板总是会把他的设计方案打回去。

在一次重要客户设计提案会上，张俊终于忍无可忍跟老板发生了争吵，整个争吵越闹越凶，最终以张俊离职落幕。但是此时张俊的坏运气显然还没结束，相处了好几年的女朋友早就因为他的工作和坚持自我不肯改变的态度对他产生了不满，而此次离职也终于点燃了两人之间的导火索，女朋友也忍无可忍提出了分手。

两人相处了7年了，从大学到现在所有的回忆都在张俊的脑海中一幕又一幕地闪过，他的心里觉得难受极了。每天都不知道在干什么，这样的状态持续了很长一段时间，他无法走出来，也没有心情重新找工作。

这个时候，张俊的一个好朋友找到他，希望张俊能够给自己的新房进行装修设计，但是张俊此时并没有心情。禁不住好朋友的再三要求，张俊当晚就开始根据房子的基本情况进行设计初稿的构思。3个小时过去了，张俊终于完成了粗略的构思，而张俊也发现在这3个小时里他的心里是如此的安静。他突然间明白只有让自己忙碌起来才会忘记那些不值得一提的烦恼。在做好朋友的这次设计之后，张俊开始重新找工作，找一个能接受自己设计风格的公司。从那之后张俊的生活开始充实起来，重新走上了正轨。

每个人都会遇到一些艰难和一些必须要经历的挫折。这个时候的生活需要忙碌来充实，你才不会去思考那些让你更加忧愁的事情。张俊在事业爱情双重打击的情况下，用新的工作热情来让自己忘记曾经的痛苦，事实证明他也做到了，最终也发现其实当时的情况并没有这么悲观。

卡耐基说："要改掉你忧虑的习惯，第一条规则就是，让自己不停地忙着。"忧虑的人一定要让自己沉浸在工作里，否则只能在绝望中挣扎。当你找不到内心的平静，你就去图书馆和实验室里看一看，那里的人都在忙着自己的事情，甚至连你的到来可能都觉察不到。在这样的氛围之下，相信你也可以沉下心来，找到属于自己的一片世界。

别庸人自扰

有的人有点杞人忧天，遇到一点点小事就开始胡思乱想，好像自己成为了"鸟笼"的俘虏，最终，仅是那些想象的情景就把自己吓坏了，这就是人们常说的庸人自扰。本来生活中并没有那么多的烦恼，就是因为心中的忧虑，凭空多出了许多的烦恼，使自己终日沉浸在焦虑之中，每天过得心惊胆战。其实，有时候，我们需要看开一些，对于任何人任何事情都不要想得那么糟糕，留一份快乐在心中，那样就会赢得整个人生。

那些快乐的人，他们口袋里装满了祝福；而那些疲惫的人，他们口袋里装满了指责。一路上与快乐的人同行着，他们会把那些不必在意的负担丢掉，而疲惫的人却选择了丢掉祝福，所以，快乐的人的行囊越来越轻松，而疲惫的人会感觉越来越累。生活中的我们都要努力做快乐的人，千万别庸人自扰。

画家张大千先生留着很长的胡须，平时说话的时候，用手捋着自己的胡须，样子十分和蔼可亲。有一次，一位朋友问他晚上睡觉胡须怎么放，结果那天晚上，他为了合适地安放自己的胡须彻夜未眠，不知道该把自己的胡须放在哪里才好。那些平常都不会担心的事情，怎么一在意就出问题了？在生活中，不只是张大千会有这样的烦恼，每一个普通人都会有这样那样的烦恼。人的天性都比较敏感，因为能思考，所以也有思想，但想得太多，同时也把那些简单的事情复杂化了，从而给自己带来一些不必要的心理压力。如果你太过在意某一件事情，反而会因为弄巧成拙而做不好了。

反之，你用平常心来对待这些事情，就会发现它们不过是微不足道的小事。在桌面上有一张白纸，上面有一个小黑点，如果就这样看，黑点根本没有影响到白纸的干净；但假设你戴上了放大镜，那白纸就显得很脏了。值得讽刺的是，在实际生活中，绝大多数人会拿着放大镜。所以，凡事看开一点，不要庸人自扰。

《新唐书·陆象先传》：“天下本无事，庸人扰之而烦耳。”

唐朝的陆象先是一个很有气量的人。当时，正值太平公主专权，宰相萧至忠、岑义等大臣在太平公主的笼络下纷纷都投靠她。而陆象先却选择洁身自好，从来不去巴结讨好太平公主。先天二年（公元713年），太平公主事发被杀，萧至忠等被诛。受这件事牵连的人很多，象先暗中化解，救了许多人，那些人事后都不知道。

开元二年（公元714年），象先出任剑南道按察使，一个司马向象先劝说：“希望明公采取些杖罚来树立威名。要不然，恐怕没人会听我们的。”象先说：“当政的人讲理就可以了，何必要讲严刑呢？这不是宽厚人的所为。”开元五年（公元717年），象先出任蒲州刺史。当时，如果吏民有罪了，大多开导教育一番就放了。录事对象先说：“明公您不鞭打他们，哪里有威风！”象先说：“人情都差不多的，难道他们不明白我的话？如果要用刑，我看应该先从你开始。”录事惭愧地退了下去。象先常常说：“天下本来无事，都是人自己给自己找麻烦，才将事情越弄越糟。如果在开始就能清楚这一点，事情就简单多了。”

这是一个“庸人自扰”的典故，那些自己让自己担忧的人只能被称为庸人，他们既不是强者，也不是智者。也许有人会问，难道那些所谓的强者或智者就没有麻烦吗？当然不是，强者或智者一样也有烦恼，有时候也会做庸人自扰的事情，

但是，他们与庸人的区别在于：强者或智者会尽量化解那些烦恼，不让它们困扰自己；而庸人则只会沉浸在自扰的漩涡中，不断地沉沦下去。少年们，不要做一个庸人，让自己成为生活的强者，成为人生中的智者。

人生活在这个世界上，每天都会碰到一些烦恼的事情，这是很正常的，关键是看你如何去对待，假如你以平常心对待，那小事就是小事，一点事情都没有；如果你放大了小事，那就变成大事了。所以，无论你遭遇了什么，都要积极主动去面对，应该怀着信心，努力就好，不要为未来没有发生的事情而担忧。

你心安然，生活也就安然

三毛是一个传奇的女子，为了爱情，她曾经义无反顾地与荷西深入撒哈拉沙漠生活。正因为她细腻的文字，很多人才从三毛的笔下见识到撒哈拉沙漠，也开始了解撒哈拉沙漠。在撒哈拉沙漠里，有一种沙鼠非常奇怪。这种沙鼠每到干旱的季节来临，都会囤积很多的草根，作为在干旱时节里的粮食。为此，它们整日都忙忙碌碌，几乎没有闲暇的时候。它们是那么辛苦，却从不抱怨和休息。它们不但要把草根运送回到洞穴，还要咬断草根，为此，它们总是忙忙碌碌。现实的情况却是，沙鼠尽管积蓄了大量的草根，但是它们最终并不能在一个干旱季节就消耗完这些草根。然而，等到又一个干旱季节即将来临的时候，沙鼠还是和之前一样忙碌，而丝毫没有意识到自己可以不用储备那么多的粮食。

有心理学家针对沙鼠的表现进行研究，发现沙鼠这样焦虑和不安，是因为它们一代一代相传形成的焦虑基因。有心理学家把沙鼠捕捉起来，关闭在安逸的环境中，结果沙鼠因为没有草根可以去积蓄，居然濒临死亡。很多朋友看到沙鼠有这样的表现一定会觉得可笑，而实际上，人类社会中，也有很多人会和沙鼠一样，不知道如何调整自己的心态，以帮助自己获得更多的安心和快乐。他们总是过度未雨绸缪，最终变成杞人忧天，并且常常会陷入各种无端的困境中，导致自己在成长的道路上迷失自我。实际上，只要心安然，人生也能变得安然。作为一只沙鼠，一定要更加全力以赴去努力，才能最大限度圆满心愿，也才能真正地给予人生幸福安享的感受。

有心理学家曾经对人们的烦恼进行调查，发现大多数人之所以烦恼，就是因为他们总是无端忧虑，实际上，人们所担忧的事情基本不会发生，所以学会放下烦恼和忧愁是非常重要的。

每一天，多多都愁眉苦脸的，自从上了初中之后，他似乎就没有开怀地笑过。对于多多的表现，妈妈问多多："多多，你为什么这么忧愁呢？"多多说："每天都有这么多作业需要完成，写完了今天的，还有明天的，好不容易到了周末休息，老师会布置更多的作业。"妈妈安抚多多："每个孩子都要学习，都要完成作业，况且，今天的你只需要完成今天的作业，为何要因为明天的作业而忧愁呢？”多多回答：“因为睡一觉就到明天了。”妈妈笑起来：“虽然睡一觉就到明天了，但是你并不需要为了明天而烦恼。因为睡一觉之后，你的精力也会更加充沛。”听到妈妈的话，多多渐渐地调整心态，变得释然。

的确，既然明天要主动到来，我们还有什么必要忧愁呢？忧愁并不能解决任何的实质性问题，而只会让我们更加被动和沮丧。要记住，每个人真正能够抓在手里的只有今天，既然如此，就要全力以赴活好每一个今天，才能避免为了昨日而后悔，也才能拥有值得期待的美好明天。

敞开心扉，让阳光照进来

金斯利说：“太阳底下所有的痛苦，有的可以解救，有的则不能，若有就去寻找，若无，就忘掉它。”生活中，很多时候，由于环境或者其他一些原因，我们感到心里荒芜，内心满是孤单，这种情绪就像赶不走的影子，时刻伴随着我们，令我们感到恐惧与绝望。孤独，是一种心境，那是一种似乎全世界都抛弃了自己的感觉。如果想要摆脱孤独折磨的滋味，需要依靠和煦的阳光填满内心的空洞，这样我们就不会再感到孤独，而会感受到阳光带来的温暖。

在普普通通的生活中，在一个熟悉的单位里，我们天天重复同样的生活，朝夕复朝夕，心灵是否会被蒙上一层淡淡的尘埃呢？我想这是难免的，许多人都有身心倦怠、目光空洞惆怅的时候，如果你不及时调整，心灵必然会被灰尘蒙蔽，也感受不到任何的快乐。在平凡的日子里穿梭，用平凡人的心境去容纳生活，你的生活中会处处开满鲜花，令你的人生芳香四溢。只因生活中太多的普通人拥有这样的心境，及时安抚了生命的倦意，才明白“飞花漫卷人生路，彩云尽渡仍从容”的人生写意，才有了普通人创造的日新月异的生活。

在一个村庄里，有位中年人从事了20年的邮差工作。每天，他往返50里的路程，将忧欢悲喜的故事送到居民的家中。一晃20年过去了，村庄里的人和事物都经过几番变迁，只有邮局到村庄这条道路从过去到现在始终没有改变。每一次，邮差经过这条道路，心里都会想：这样荒凉的路还要走多久呢？太阳照着大地，邮差的身影孤独地走在道路上，悲凉而又迷茫。

邮差一想到自己必须在这条没有花、没有树而且充满尘土的路上，踩着脚踏车度过自己的一生的时候，心中总是充满着遗憾。有一天，邮差送完了信，满脸心事重重，正准备回家的时候，路过一家花店。邮差心中不禁一动：对了，就是这个。邮差走进花店，买了一把野花的种子，第二天，邮差带着这些种子撒在自己往来的路上。就这样，一天，两天，一个月，两个月……邮差持续撒播着野花种子。

没过多久，在那条邮差已经来回走20年的荒凉道路上，竟然开出了无数的花朵，有红色的，有黄色的，四季盛开，永不停歇。花香对于村庄的人们来说，比邮差送达的任何一封邮件都开心。那条道路不再充满灰尘，而是充满了花香，中年邮差骑着脚踏车，吹着口哨，他不再是孤独的邮差，也不再是愁眉苦脸的邮差，而是满脸洋溢着幸福与快乐的邮差。

一位年轻的老师被派遣到山区的小学为学生们带一个星期的课，刚开始，年轻老师满怀热情，希望可以与学生们度过一周愉快的时光。然而，很快他就感到孤独与失望，这一个星期真是糟糕透了，孩子们既粗野又不爱完成作业，老师感觉到自己很孤单，在最后一节课上，年轻老师对学生们说：“现在我知道了，我不能和孩子们在一起，我不适合这个工作。”这时，一名学生告诉老师：“我想为这一个星期感谢您，感谢您交给我们许多知识，您知道吗，以前我从来没有听到过树林中的风声，它是那么可爱，我永远也不会忘掉它。这是我为您写的一首诗，我差点没有勇气把它给您。”说完，孩子从口袋里掏出一张纸递给老师， 然后就跑走了。那一瞬间，年轻老师感到自己心里洋溢着满满的阳光，自己再也不孤单了。

少年们，心灵是一座宝库，在这里只应留有美好与智慧，而不是收藏垃圾或浸满孤独。哲人说：“要想除掉旷野里的杂草，方法只有一种，那就是在上面种满庄稼。”那么，如果想要摆脱内心孤独的束缚，我们应该敞开心扉，让和煦的阳光照射进来，这样，孤独才会无处遁形。

努力让自己快乐，就会真的快乐

人的面部有44块肌肉，还有很多血管和神经。这些肌肉和神经，在牵拉、调整和扭动之下，能够做出五千多种表情。你没看错，人的表情就是这么丰富。在诸多表情之中，笑容无疑是最美的。在生活中，走在人流不息的大街上，迎面看到某个人，他也许正在微笑。也许笑容并不是针对素不相识的你，但是你看了心里却觉得非常舒服。反之，迎面向你走来一个人，他面色严肃，一本正经，你瞬间也会变得紧张起来，不知道自己即将面对怎样的局面。最糟糕的情况是，你看到的人郁郁寡欢，愁眉紧锁。你甚至怀疑你是不是借了他的钱，忘记还了……这就是表情的魔力。这种魔力不仅仅针对他人，也针对我们自身。每天晨起，你对着镜子里的自己微笑，你的一天都会心情愉悦。反之，你从镜子里看到自己忧伤的面庞，如何能充满精力地开始一天的生活呢？为了避免陷入忧郁的泥沼，我们首先应该调整自己的表情。很多时候，即使你是强颜欢笑，但是笑着笑着，你会惊讶地发现，你的心情也跟着莫名其妙地好了起来。

忧郁是会传染的，不但会传染给别人，也会传染给我们自己。也许你只是因为中午的快餐不太可口而生气，但是，你却发现自己下午的工作也受到了影响。没有好情绪，就没有愉悦的心情，郁郁寡欢的你似乎连智商都降低了，甚至还会一不小心在工作上出现纰漏，岂不是因小失大吗？生活总是难以处处如意，要想让自己摆脱忧郁的泥沼，除了强颜欢笑外，还要放开心胸。如果心眼只有针尖大小，那么即使是一粒小芝麻，也会将其堵死。如果心眼很宽，宰相肚里能撑船，那么就会觉得天大地大，人生之中除了生死，根本没有什么事情是真正值得计较的。如此一来，想忧郁都很难哦！

我们的心总是那么敏感，很容易就会受到外界事物的影响。只有把内心锻炼得更加强大和淡定，我们才能有效避免陷入忧郁的情绪泥沼，也才能让事情朝着积极的方向发展。

忧郁的情绪对我们的心情和日常生活影响很大，它会在不知不觉之间让我们变得消沉绝望，情绪低落。要想避免忧郁，首先要让自己心胸开阔。生活中没有什么事情是迈不过去的坎，只要心态好，一切都会过去。

避开忧郁的泥沼，最笨也最直接的方法就是强颜欢笑。人们都说假戏真做，强颜欢笑之后，你会发现自己的心情也莫名其妙地变好了。心烦的时候可以做一些自己感兴趣的、让自己开心的事情，转移注意力，排解忧郁的情绪。

第三章

别一味抱怨和奢望，学会感恩生活

与其抱怨不如改变自己

英国著名作家奥利弗·戈尔德史密斯曾说：“与抱怨的嘴唇相比，你的行动是一位更好的布道师。”面对生活里的一丁点不如意，人们最普遍的习惯是埋怨，不停地埋怨，埋怨父母不理解，埋怨社会太现实，埋怨朋友的欺骗，埋怨上天的不公。于是，埋怨成了一种习惯。然而，那些不如意的事情、悬而未决的事情并没有得到真正的解决，自己的情绪反而陷入恶性循环。结果，心中的怨气反而会阻碍前进的脚步。成功只会垂青那些积极主动的强者，只要你敢于担当，勇于接受来自生活的挑战，那么，任何艰难险阻都会变成坦途。真正的强者从来不埋怨，他们总是会把那些消极的想法从内心扫除殆尽，让自己的内心充满阳光、充满希望。

有人说埋怨是一种宣泄、一种心理平衡，似乎埋怨可以将那些不如意的事情发泄出来。每天，我们都可能面对许多不如意的事情，如果只是一时地埋怨，还可以接受。但是，有时候，埋怨久了就会形成习惯，而埋怨的根源是对现实的不满意。

一个人来到这个世界上，面对生活中的诸多不如意，我们只有两个选择，要么接受，要么改变。抱怨成为接受事实的一个阻碍，我们总是想道：这件事对我是不公平的，这样的事情怎么会发生在我的身上呢？我怎么能接受这样的事情呢？所以，一种强烈的倾诉欲望开始萌发，我要去对别人诉说，以此证明我的无辜和委屈，于是，在我们埋怨不公的时候，我们已经失去了去改变这件事情的机会。那么，当我们无休止埋怨的时候，有没有想过比埋怨更好的解决方法呢？

拒绝抱怨，快乐地活在当下

许多人喜欢抱怨，好似祥林嫂一样，见人就诉说自己儿子，逢人便哭诉自己的不幸，而且，久而久之形成了一种习惯。人们常常把抱怨当作一种宣泄的方式，由于内心苦闷积压太深，没有办法得到排解，于是，他们选择向家人或朋友“宣泄”，开始无休止地抱怨。对这样的情况，心理专家警告：“抱怨是毒品，远离抱怨，快乐地活在当下。”有人这样说：“抱怨看起来像毒品，只能获得暂时的快感，却能要了你的命。”的确，抱怨就是毒品，抱怨多了，抱怨的时间久了，自然就会上瘾，而且，最关键的是，抱怨还会伤害到自己的朋友和家人。

可能每个人的生活都充满了太多的抱怨，以至于有些人突然发现自己几乎成了一个“怨妇”或“怨夫”，有可能是生活中的一丁点不如意，就点燃了内心那些莫名的怒火和怨气。在抱怨的过程中，脾气变得越来越暴躁，内心越来越不安，心情越来越糟糕，整个人陷入了抱怨的恶性循环。往往对一件小事的怨气会迁移到其他一些事情上，而对其他事情的抱怨又会导致更多的抱怨。自己的抱怨会招致家人和朋友的抱怨，而家人和朋友的抱怨又会招致自己更多的抱怨。如此无限循环，周而复始，最终我们的生命在抱怨声中画上句号。厄尔·南丁格尔曾说："我们所拥有的一切都是自己造成的，可是只有成功者会这样承认。"或许，对于成功者来说，成功的辉煌让他们主动承认这就是自己的功劳，相反，那些生活得十分糟糕的人，他们却不愿意承认一切都是自己造成的。既然是自己造成的，这有什么值得抱怨的呢？

再多的责骂、抱怨，也不能改变事情的发展方向。在一般情况下，当你极力抱怨的时候，尽管有人无私地当你宣泄的"垃圾桶"，但是，你所抱怨的事情绝不会因为你的抱怨而朝好的方向发展。可能，每个人都希望自己成为世界上最幸福、最快乐、最幸运的那一个，对此，哲学家厄尔·南丁格尔说："我们会成为自己想象、思考的东西。"这样一来，我们应该以快乐、幸福以及幸运的心态去面对生活和工作，面对家人和朋友。有什么理由值得我们去抱怨呢？抱怨所导致的最终结果不过是使我们成为令人讨厌的人，没有人喜欢听我们的抱怨，即使是最亲的家人和朋友，也不想当一个"垃圾桶"。

一位喜欢抱怨的女孩走进了心理咨询室，她刚坐下，就向心理医生抱怨：“我十分痛苦，因为我发现，最亲密的人也不能包容我的脆弱。”心理医生好奇地询问：“比如在什么地方，他不会包容你？”女孩满脸苦恼：“我向他袒露自己的痛苦，他却一点都不理解，反而指责我，这令我非常痛苦，这样的爱情有什么意义呢，我真想分手。”心理医生继续问道：“你男友说了什么话，最让你印象深刻？”女孩想了想，说道：“他说受不了我的抱怨，说我总是看到事情消极的一面，却对积极的一面视而不见。”心理医生问道：“那你知道你为什么喜欢抱怨吗？”女孩迟疑了一会儿，含糊地说：“因为我有个喜欢抱怨的妈妈。”

心理医生对女孩说：“那男友对你的抱怨的看法，像不像你对妈妈的抱怨的看法。”女孩点点头：“是的，从小到大，我饱受妈妈抱怨的折磨，但是没想到我也像妈妈一样，成了一个喜欢抱怨的女人。”心理医生安慰道：“那你再多说说对妈妈的抱怨的理解和感受吧。”女孩回答说：“第一感觉就是烦，然后就想逃跑。小时候，我一听到妈妈的抱怨，就想努力去改变，希望能够消除妈妈抱怨的根源，但是，即使事情有所改变，妈妈还是会抱怨。那时候，妈妈总是抱怨爸爸不给钱，但是，后来我发现，妈妈似乎从来不主动找爸爸要钱，当时，我实在难以理解，妈妈抱怨所追求的到底是什么，似乎只是在追求抱怨似的。”心理医生点点头：“你妈妈已经深陷抱怨的‘毒’中，而你现在的状况也很危险，再这样抱怨下去，抱怨会成为你的一种习惯，并不断地伤害那些跟你关系亲密的人。”女孩内心充满了忧虑，但是，却不知道该怎么办。心理医生向女孩建议：“正如你男友所说，试着去看事情积极的一面，怀着一颗感恩的心，这样你就会慢慢改掉抱怨的坏习惯。”

有人说：“抱怨就好比口臭，当它从别人的嘴里吐露时，我们就会注意到；但从自己的口中发出时，我们却能充‘鼻’不闻。”想想自己身边那些喜欢抱怨的人，在他们身上似乎有着祥林嫂的影子，再回想自己的生活，自己是否也在抱怨呢？如果发现自己正陷入抱怨的泥潭，应保持警惕，一定要拒绝抱怨，快乐地活在当下。

请摆脱生活的空虚

塞涅卡说：“人类最大的敌人就是胸中之敌。”在现代人的字典里，“空虚”这个字眼所蕴含的重量似乎越来越大，许多上班族都有这样的经历：“我有工作，但是，一天什么事情都不想干，总是提不起精神，面对着电脑，也不知道自己要做些什么，真不知道以后的日子该如何走下去，心里空虚得要命。”空虚，是一种消极的状态，不能明确自己的目标，不知道今后的路该怎么走，更重要的是，在这样的心理状态下，怒气很容易“钻”空子。他们常常因为自己的胡思乱想，而把怒火撒到其他人身上，而且，还自认为生气是很有道理的。可是，生气之后，他们浑然忘记自己到底为什么生气，难道就是为了摆脱心里的空虚吗？所以，如果你是一个空虚的人，需要时刻警惕，不要让自己掉入怒火的陷阱。

在生活中，人们往往存在着不同的心态，有的人乐观，有的人却悲观，乐观的人情绪平和安静，而悲观的人很容易受情绪波动的影响。其实，空虚本身就是一种悲观的心态，空虚的人很容易陷入自我休眠中，因为找不到前方的路而迷失了自我。心中没有前进的方向，没有心灵的归宿，因而，他们总是花很多的时间和精力来想一件事情，哪怕只是一件微不足道的事情，他们想着想着，也能想出愤怒的情绪来。心中的无力感让他们感觉到诸多不安的情绪，在很多时候，他们自己也很想从空虚感中摆脱出来，可是，越是空虚，越是容易生气，越是生气，越感到前途渺茫。在这样的情绪循环中，空虚感越来越汹涌，并渐渐主宰了他们。

小杨和男朋友相恋一年多了，可是，这段感情一直遭到父母的反对，在这个气氛尴尬的夜晚，父亲在电话的那头生气地说道："你要是再这样下去，就永远不要回这个家了。"电话放下后，小杨心都凉了大半截，未来该怎么办呢？和男朋友分手，接受那个家人介绍的对象？还是坚持自己的选择，和男朋友远离家人？路有千条万条，可小杨就是不知道自己该选择哪一条。

白天，男朋友上班了，小杨一个人待在家里，总想找点事情做，可是，内心的那种无力感和空虚感袭来了，她觉得浑身都没劲，就想一直沉睡，至少睡着了谁也打扰不了。偶尔，思绪万千的时候，她也会想起与男朋友诸多的不合适，以及父母的担忧，越想心中越是焦虑，有时候，想着想着，她就暗暗下决心：“今天晚上和男朋友说分手的事情，一定不能心软。”于是，等到男朋友回家的时候，小杨心中的怒气就上来了，尤其是看到某些自己不能认同的行为，小杨更是怒火中烧，大声斥责：“我们结束吧，我不想继续了。”而且，这样的情景不是一次两次，而是多次。每次小杨独自一个人在家里，由于内心的空虚与混乱，总会胡思乱想，男朋友也感到很疲惫了，偶尔，他也会劝小杨：“没事就出去透透气，不然，在家里迟早会闷出病来。”小杨的心里相当清楚，自己真的是由空虚而生气的，可是，有时候就是克制不住自己，也不知道自己到底该怎么办?

小杨内心的空虚，总是让“怒气”钻了空子，结果，好端端地生了那么多气。在人生的旅途中，成败得失，恩恩怨怨，乃至空虚寂寞始终伴随着我们。如果我们总是把这些伤心的话语、烦恼的事情、无聊的忧虑记在心中，永远留在心里，无异于背上了沉重的包袱，套上了无形的枷锁，同时，也让郁积在心中的不良情绪有了可乘之机。

从心理学角度说，空虚是一种消极情绪。那些空虚的人，无一例外都是对理想和前途失去信心，对生命的意义没有正确认识的人。他们对现实消极失望，以冷漠的态度来对待生活，遇人遇事就摇头。有时候，为了摆脱空虚，他们会沉浸到另外一种空虚的生活中，漫无目的地游荡、闲逛，消磨大好时光。因此，空虚是百害而无一利。那么少年们，面对空虚，我们该怎么调整自己呢？

1.有理想

俗话说：“治病先治本。”空虚主要源于对理想、信仰以及追求的迷失。知晓了空虚产生的根源，就要对症下药。树立远大的理想、拟定明确的人生目标，这就可以成为消除空虚的最有力武器。当然，这并不是说我们树立了目标，空虚就被驱赶走了，而是当我们坚定地朝着自己目标前进的时候，空虚才会慢慢地远离我们而去。

2.提高心理素质

有时候，即使是两个人生活在同一个环境中，但由于心理素质不同，其结果也会不同。有的人遭遇了一点点挫折就偃旗息鼓，陷入了空虚中；有的人面对困难却丝毫不畏缩。所以，提高自我的心理素质，也能够将空虚及时地消灭，不给它进一步侵蚀心灵的机会。

3.保持一份热情

生活是否美好的，主要是看我们以怎样的态度去面对它。对生活缺乏热情的人，他们心中只有空虚，以及百无聊赖的寂寞，而那些对生活充满了热情的人，面对蓝天白云，高山大海，他们会积极地去感受大自然的美丽。当那份热情填补了生活的空白，你哪还有精力和时间去空虚呢？

优秀的年轻人从不抱怨

有多少庸庸碌碌的人是在抱怨之中失去人生的？大多数人都注意到成功人士头顶的光环，却丝毫没有留意到失败者失败的根源所在。和失败的诸多原因相比，抱怨无疑是最让人感到遗憾和绝望的，因为抱怨完全是主观因素，并非无法改变的客观因素。偏偏是这个主观因素让人无知无觉，还深陷其中，因而也就有越来越多的人因为抱怨彻底失去了逆袭人生的机会，从而让自己碌碌无为，满心愤懑。

对于任何人而言，抱怨都是一件糟糕的事情，除了让人得到暂时的发泄外，几乎没有人能够从抱怨之中得到积极正向的能量。有人抱怨命运不公平，让自己生得太丑；有人抱怨父母无权无势，无法给自己的人生奠定基础；有人抱怨自己每天乘车几个小时往返公司，却只能拿到微薄的薪水；还有人抱怨了解自己的人太少，遇到的人又都不适合做朋友……只要我们拥有一颗喜欢抱怨的心，就总是能够从生活中找到可以抱怨的人或者事情，哪怕天上突然刮起大风，或者地上飞沙走石，都可以成为抱怨的借口。

抱怨从来不能让这个世界变得更加美丽，更无法使我们的生活变得美好，我们一边要忍受着更加严重的雾霾天气，一边还要承受抱怨带来的郁郁寡欢和愤愤不平，如此一来岂不更加得不偿失吗？抱怨一次又一次不厌其烦地提醒着我们留意生活中的苦难和不快，却不能帮助我们驱散哪怕是一丝一毫的阴

霾，反而会使人更加意志消沉，全无兴致继续面对生活。因而明智的人从不抱怨，他们知道抱怨是人生的毒瘤，只有早日彻底摘除，人生才能柳暗花明，阳光明媚。

偶尔的抱怨也许能够帮助我们宣泄情绪，但是一味地抱怨则会蒙蔽我们的心灵，使我们即使在面对人生机遇时，也无法及时抓住机会，甚至还会与机遇失之交臂。正如大文豪泰戈尔所说，假如你因为错过太阳而流泪，那么你就连群星也错过了。

任何时候，不管面对怎样的人生，我们都应该怀有积极乐观的心态，这样才能坦然面对人生的坎坷和挫折，也才能赢得更加美好的人生。

命运关闭了你的门，必然为你打开窗户

当我们因为已经发生的事情无限懊恼时，我们很有可能因为沮丧绝望，失去美好的未来，也不再能够继续为自己的人生奋力拼搏。当我们遭遇人生的厄运时，只要就不放弃，那么就很有可能发现新的转机或生机，从而帮助自己的人生打开崭新的篇章。既然如此，我们每个人都应该杜绝抱怨和无休止的欲望，要想从人生中得到满足，我们应该更多地看看自己所拥有的，从而满怀感激地面对生活，也发自内心地感谢生活。

命运对于每个人都是公平，一味地抱怨和奢望，只会使我们错失很多宝贵的机会，导致事情更加糟糕。在意识到这一点之后，相信聪明的朋友一定会及时改变心态，调整自己对于生活和人生的态度，这样才能绝不轻易放弃，更加积极地奋进。尤其是不要在抱怨之后做些白日梦，那些梦虽然做起来很容易，但是想要实现，脱离行动是根本不可能的。一千个梦想也比不上一次脚踏实地的行动，说的就是这个道理。

玛丽是一个老教师，她独自一人生活，没有什么积蓄，虽然到了退休年龄，但是她依然非常努力地工作，这对于她的经济和精神都同样重要。在玛丽66岁那年，学校的负责人不得不辞退她。刚开始，玛丽非常沮丧，因为她不知道自己失去工作之后要怎样生活，更不知道自己应该如何消磨时间。思来想去，她决定干些自己喜欢的事情。

她挨个幼儿园寻找工作，她只要求做一件最简单的工作，即给小朋友们讲故事。在得知玛丽有着丰富的教学经验，而且索要的薪水也不高时，很多幼儿园都欣然答应了玛丽的请求。就这样，玛丽每天都拎着幻灯片在几个幼儿园中奔波，她绘声绘色的演讲得到了所有小朋友的真心喜爱。后来，玛丽突发奇想，决定在家里举办故事园，这样那些放学之后的小朋友，都可以去她的家里听她讲故事。玛丽收取的费用很低，这使很多父母都特别支持她的工作。就这样，晚年的玛丽有了自己独特的事业，她成为小朋友们口中不折不扣的“故事大王”。后来，玛丽的事情被一个专门从事幼儿公益的机构知道了，这个机构主动赞助玛丽大量资金，让她出版故事碟，并以非常低廉的价格出售，惠及那些家庭贫困的小朋友。

在这个事例中，玛丽原本在失去工作之后很迷惘，因为她不知道如何才能挣到钱维持生活，也不知道如何消磨大量的闲暇时光。后来，玛丽想到了自己所擅长的，并马上投入去做。就这样，她一步一步地做出了事业，让自己的一生都有了寄托。试想，假如玛丽没有积极寻找自己身上的闪光点，而是为自己惨淡的人生抱怨不休，那么她也就不能在晚年还能迎来事业的高峰，更不可能为很多贫困的小朋友带来绘声绘色的故事。

每个人都有缺点，也有优点。任何情况下，我们不要只盯着自己的不足，更要努力发掘自身的优点，尤其是在失去某些便利条件的情况下，我们更不能只盯着自己所缺失的，而要充分利用自己所拥有的。所谓知足常乐，我们只有保持积极乐观的心态，才能更加积极主动地面对人生，也才能真正地改变人生。

古今中外，有很多名人、伟人、成功人士，都比常人遭受了更大的厄运。他们之所以能够成功，并非因为他们得到命运的眷顾，也不是因为他们拥有的更多，而只是因为他们在遭遇坎坷和挫折之后，始终坚持不放弃，努力成就自己的人生。

不做怨男怨女，积极面对生活

现代社会，我们常常听到这样的感叹：“如今的怨男怨女越来越多了！” 对许多人来说，“怨气”是一种合情合理的情绪，当心中的怨气堆成了小山，如果不宣泄反而会憋得慌，似乎抱怨完了心里才会舒畅些。从心理学角度说，抱怨就如同一剂镇痛药，但是，一时的抱怨是可以的，但永无休止的抱怨却是应该停止的。现实生活中，如果我们看什么都不顺眼，什么事情都觉得不顺心，常常抱怨过了头，这样就会让人望而生畏，甚至退避三舍。那些所谓的“怨男怨女”往往会在“怨声载道”中失败，在一定程度上说，他们对生活和人生的态度是不可取的，因为正是这种消极的态度导致了最后的失败。所以，不要做“怨男”或“怨女”，努力改变自己，以一种积极乐观的态度来面对生活，这样你才会有可能赢得成功。

任何人或团队要想成功，就需要停止抱怨，因为抱怨不如改变，以一份接纳批评的包容心，积极奋进，那么，成功离我们就越来越近。抱怨其实是一种最消耗能量的无益举动，我们所抱怨的无非是自己的事，或者别人的事，或者上天的不公平，但是，这样的抱怨有效吗？那些抱怨自己的人，需要学会试着接纳自己；那些抱怨他人的人，应该试着将自己的抱怨化作请求；那些老是抱怨上天的人，应该学会祈求自己的愿望。如此一来，我们才不会被别人冠以“怨男怨女”的名称，而且自己的生活也会有巨大的转变，人生将会变得更加美好。

在公司，小丽与同事小丫常常自嘲为“怨妇二人组”，在整个公司里，她们是典型的“发泄型”人物。在平时工作时间里，或许是对工作这里不满，那里不如意，小丽和小丫常常在办公室交流心得，小丽常常说：“小丫就是我发泄的对象，每次我抱怨完了之后，心里就会舒服一点，那些愤怒的情绪也变得平和起来。”小丫虽然知道抱怨是不对的，但还是忍不住，她说：“其实抱怨完了，工作和日子还不是照样过下去，什么都改变不了，看起来就像是阿Q的精神胜利法，但是，我已经上瘾了。”而且，小丽和小丫都有这样的感受，一旦自己开始抱怨，就会发现有更多想要抱怨的事情，于是，越“抱”越“怨”，最终，自己陷入了“抱怨轮回”。

小丫还发现自己抱怨来抱怨去总是那么几句话，心想：真是没意思，永远都是那么几句话。因为小丫常常挂在嘴边的话就是“累死了”，就在前不久的婚宴上，小丫穿着婚纱、几厘米的高跟鞋也不停地向朋友抱怨：“累死了，结婚真累！”直到小丽忍不住提醒她：“拜托，我的大小姐，你这是在结婚呢！”这样，小丫才闭上了嘴巴。

其实，小丽和小丫不过是众多“怨女”中的代表人物，她们宁愿每天像机器一样说着同样的话，却从来不想通过改变自己来改变生活，最后，她们逐渐陷入了一种“抱怨轮回”，反反复复，永不休止，“怨女”如此的表现似乎成为一种病态。试想，小丽和小丫整天在抱怨中度过，她们的工作能有多大起色呢？她们最终所面临的不过是一个失败的人生。

阿松来公司已经两年多了，他工作认真又细致，给上司和同事留下了较好的印象。可是，熟悉阿松的人都知道他有一个特点，那就是工作起来老是喜欢抱怨，牢骚发个不停。只要上司交给他新的工作任务，一回到了办公室，阿松就开始抱怨起来："难度较大的工作就找我""这么辛苦工作也不给我涨工资""工作都干烦了""等我以后做了老板……"虽然阿松喜欢抱怨，但每次抱怨完还是将工作圆满完成。不过，在同一个办公室，他抱怨起来，多少会影响同事工作的心情。

有一次，阿松正在电脑前边工作边抱怨，这时，上司正好走进了办公室，阿松一边打字一边抱怨："物价涨得那么快，一天工作累得够呛，工作还是那么点钱……"他根本不知道老板就在自己后面，身边的同事也不好意思提醒他，有个好心的同事咳嗽了一声提示他，阿松却没有领会，反而说道："你咳嗽啥，我说得不对吗？"他一抬头，才发现上司就站在自己旁边，场面极其尴尬，不过，上司什么话也没说就转身离开了办公室。

后来，上司逐渐失去了对阿松的信任，有一些重要的工作也不再找他了。前不久，公司准备提拔一个部门经理，论资历和能力，阿松是最合适的人选，但是，上司最后却将部门经理职位给了小李，虽然，小李在很多方面比不上阿松，不过，他勤勤恳恳，从来不抱怨自己的工作。失去了升职机会的阿松变本加厉，心理失衡，整天满腹牢骚，怨声载道，对工作态度也不如从前，上司对阿松有了很深的成见，最后，阿松不得不选择辞职。

在工作中，只有做好本职工作才能赢得上司的肯定与认可，也才会为后来的晋升和发展奠定基础，如果老是抱怨，牢骚发个不停，贪图一时口头之快，所形成的只能是阻碍事业成功的绊脚石。所以，无论是将来在职场，还是在生活中，我们都不要做“怨男怨女”，努力转变自己，以积极乐观的心态来对待人生中的每一天。

第四章

消除心中怒气，好人缘收获满天下

修炼内心，别总是乱发脾气

谁还没有点儿脾气呢？每当某个人怒火中烧的时候，身边总是有人这么说，似乎是为了替发脾气的人开脱，也似乎是为了劝慰自己。的确，人人都有脾气，发脾气固然是每个人的权利和自由，但是脾气来了，福气没了，也是每个人必须理性面对的现实。不要发了脾气之后看到别人对自己爱搭不理还感到纳闷，要知道在这个世界上除了父母之外，没有任何人会无限度地包容你。退一步而言，当你长大成人后，即使是父母也不会这样包容你的糟糕脾气。所以说，有脾气，没福气，这其实是很有道理的。

常言道，人生不如意十之八九。在现实生活中，没有谁的人生会是完全顺遂如意的，每个人在生命历程中也不会只有平坦的大路，没有崎岖的小道。我们一定要摆正心态，从容不迫地面对人生，这样才能在生命之中有更好的成长和未来。倘若遇到小小的不如意就马上歇斯底里，那么，生活的幸福和满足感就会因此而被毁灭，根本无法延续下去。

现代社会，人际关系被提升到前所未有的高度，一个人即使能力再强，也不可能通过单打独斗成为时代的英雄。每个人都是社会的一员，为此，也要融入团队之中，这样才能与团队成员齐心协力有更好的分工合作，才能全力以赴把该做的事情做好，这是最重要的。如果面对人生总是不知所措，因为小小的情绪波澜就令自己和他人同时陷入各种糟糕的负面情绪，那么结果一定会让人大失所望，也会让人无力承受。这样的人不但幼稚，不够成熟，而且很容易情绪失控，就像一个炸药包一样埋伏在生活之中，不知道什么时候就会把自己和他人炸得人仰马翻。不管是朋友，还是同事，甚至是家人，都无法长久容忍一个脾气反复无常的人。

大学毕业后，小朱就进入现在这家广告公司工作。虽然他学习能力很强，在工作的这几年里也积累了宝贵的经验，但是这次公司从内部选拔人才，并没有小朱的份。这是为什么呢？原来，小朱脾气耿直，说起话来总是不知道拐弯抹角，更别说委婉了，为此在工作过程中无形地得罪了同事和上级，就连他曾经服务过的很多客户也总是说他脾气不好。眼看着很多比自己后来的人都已经获得了晋升的机会，小朱心里很不是滋味，为此决定跳槽。

才在网络上发出求职信没多久，小朱就被一个猎头看中，猎头向小朱抛出了橄榄枝，并且承诺会把小朱推荐到一家大公司工作。小朱把自己的履历给了猎头，猎头和目标公司进行初步对接和洽谈之后，工作几乎是板上钉钉的事情，只差一步面试。遗憾的是，面试这一天，小朱因为交通拥堵而迟到，等赶到目标公司楼下的大堂时，小朱因为急急忙忙，居然和一个中年男士撞到一起。以前，小朱都很讲礼貌，这个时候，小朱因为心急，又看到对方的咖啡都洒在自己的身上，忍不住怒不可遏地喊道："哎呀，你怎么拿着咖啡还不小心呢！你这样子，让我怎么参加面试，简直不可理喻！"其实，中年男士原本是准备向小朱道歉的，但是看着小朱火冒三丈的样子，中年男士很不高兴，为此冷漠地对小朱说："先生，是你火急火燎撞到我的好吧，白白浪费我一杯咖啡。"小朱为此更生气了，对着中年男士就爆发情绪，说起话来甚至带着脏字。这个时候，有个围观的女士听说小朱是来参加九点场面试的，便问小朱："请问，你是去哪个公司面试的？"小朱说出公司的名字，女士对小朱说："你不用上去面试了，我就是面试官，我不想聘用一个脾气这么失控的人。"

小朱得知这位女士就是面试官，赶紧向女士解释自己的苦衷，说自己本来就要迟到了，电梯又超员，而且衣服又被咖啡弄脏。女士笑起来："这些情况比起工作中的艰难都是小事，如果你面对这些情况就大发雷霆，我不敢保证你以后在工作中能够始终保持情绪平静和理智。当然，作为你的上司，我也不想看到你发怒时难看的样子。"小朱被女士说得无地自容，赶紧灰溜溜地离开了。

负责人力资源管理工作的女士说得很对，没有任何一家公司愿意要脾气比能力更大的员工，否则未来在工作过程中，还不知道有多少矛盾和纠纷需要解决，又有多少难题会因为无法控制的脾气而搁浅呢！

生活中，我们当然不愿意和情绪总是失控的人打交道，同样的道理，我们也不愿意和坏脾气的人打交道。既然如此，我们自身想要有更好的成长，就要合理控制好自己的脾气和情绪，让自己保持平静和理性。生活就像是一条道路，每个人都是这条道路上高速行驶的汽车。要想让汽车按照一定的顺序向前行驶，避免彼此发生碰撞，我们就要遵守规矩，始终牢牢把握着方向盘。

老司机都知道“宁停三分，不抢一秒”的道理，实际上，不管发生什么问题，一味地爆发情绪都没有好处。我们真正应该做的是控制好自己，让自己恢复情绪平静，保持理智，这样才能够三思而后行。有的时候，当情绪歇斯底里、即将爆发时，我们哪怕只是等几分钟的时间，也能够变得更加理性，而不至于被情绪冲昏头脑。

别让愤怒侵袭自己和身边人

曾经有这样一个小男孩，他的脾气特别不好，总是因为一些小事情乱发脾气，面对这样的情况，他的爸爸感到很担心，于是决定帮他改掉这个坏习惯。有一天，爸爸送给小男孩一袋钉子，如果哪次想跟人吵闹或发火的时候记得在院子的篱笆上钉一根。第一天，男孩钉了三十多根钉子。后面的几天他学会了控制自己的脾气，每天钉的钉子也逐渐减少了。他发现，控制自己的脾气，实际上比钉钉子要容易得多。终于有一天，他一根钉子都没有钉，他高兴地把这件事告诉了爸爸。

爸爸听后笑着表扬儿子的进步，并且告诉他如果今后哪一天没有发火吵架的话那就把钉子拔掉一根。随着时间一天天过去，终于小男孩把篱笆上的钉子全部都拔掉了。爸爸带他来到篱笆边上，对他说："儿子，你做得很好。可是看看篱笆上的钉子洞，这些洞永远也不可能恢复了。就像你和一个人吵架，说了些难听的话，你就在他的心里留下了一个伤口，像这个钉子洞一样，永远无法复原。"

其实，我们应该能感受到，在愤怒的情绪下我们无法感觉到生活的幸福美好。生活中不如意的事情很多，我们要做的就是排除烦忧，回归好心情。正如故事中的小男孩，如果他能把心放宽一点，遇事不要总是发脾气，那么他的心情就不会那么糟糕。听从爸爸的劝告，他很好地学会了控制自己的情绪，转移了注意力，最后也明白了坏脾气的危害。其实，心宽一点，不仅能克制自己的坏脾气，也能防止对他人造成的言语伤害。从此刻开始，希望我们每一个人都能很好地控制情绪，让自己做得更好。

宽容是一件很难做到的事。就好像咽下了药片，明知道药物对身体有好处，吞咽的时候还是会觉得很痛苦，而且常常会被呛到。游泳的时候，如果我想锻炼手臂，我就不用腿部的力量，而只用手划，我照样能游到对岸，但是却要为之付出多得多的努力。当你心中充满了委屈和气愤，你的生活仍将继续，然而，你却受到了精神的拖累，这样你将无法再顺利如意。拒绝宽容就好像不用腿而只用手游泳一样困难费力。

唐代的任迪简考中进士后，在天德军使李景略那里任判官。有一天，李景略在军中宴请宾客，结果任迪简因故迟到，按照规矩应该被罚饮一大杯酒。可侍吏在倒酒时，不小心将醋当成了酒，给任迪简满满倒了一大杯。任迪简刚放到嘴边，已经尝出是醋了，但想到李景略平常严厉苛刻，如果让他知道此事，那个倒错酒的侍吏肯定性命难保，于是便忍酸硬是把那一大杯醋全喝了下去，帮助那个侍吏掩盖了过错。之后，他又找借口说这酒太淡了，请求李景略另换了酒。

任迪简回家后，马上就病倒了，咯血不止，但仍没有把此事外传出去。后来军中将士得知此事，都被感动得流泪，李景略也深受感动，便没有去责罚那位侍吏。在李景略去世后，将士们纷纷请求让任迪简为主帅，德宗听说了此事，授任他为丰州刺史、天德军使，后升任御史大夫、散骑常侍，直至工部侍郎，追赠刑部尚书。后人崇敬他那与人为善的美德，誉之为“呷醋节帅”，《唐书》把他列为良吏作传。

宽以待人这种高尚的品格成就了任迪简，也让他得到了军中上下的尊重与赞美。在他人犯错的时刻他没有选择惩罚而是用宽恕来化解矛盾，这是一种多么高尚的境界啊！谁都免不了会有各种过错和失误，面对他人的过失，我们要以宽广的胸襟去理解、宽恕。发怒伤身，也伤感情。

心宽一点，怒才能少一点。我们要懂得处理自己的小心情，不要让愤怒侵袭自己和身边的人。

在世上生存，会遇到各种各样的人，也免不了会出现矛盾，产生不愉快的事。一旦遇到这种情况，如果让矛盾激化，那就会破坏自己的人际关系，或是阻碍前程发展。因此，最好的解决办法就是包容彼此，化干戈为玉帛。

请站在对方的立场，多一些理解

陈哥在自己的网络公司新开了一个项目，这个项目在前期需要投入的资金很大，不仅需要他亲力亲为地监督项目的运作，还要求与此项目有关的人员在项目未完成期间不能请假。新项目开展后，公司里不少员工都不得不在白天工作完后，继续加班。陈哥看到员工们这样任劳任怨，就得意扬扬地说：“这叫战友情谊！”

但是时间一长，就有员工开始抱怨了。

那天，负责此项目的亮亮在茶水间抱怨公司，说陈哥不但不替员工考虑，还变相压榨员工。陈哥正好在茶水间外面。听到了亮亮的抱怨后，顿时怒火中烧。陈哥指着亮亮，大声呵斥道：“亮亮，怎么说话呢！你拿着我给你发的工资，不干活干嘛？难道是来让你享受的吗？你爱干不干，外面很多人想进来还进不来呢！”

陈哥说的本是一时气话，谁知亮亮马上就递交了辞职书。

冷静后的陈哥想到，亮亮在此项目中有着举足轻重的作用，就有些后悔了。可惜木已成舟，怎么做也不能把亮亮留住。就这样，由于此项目中的负责人亮亮的离开，让陈哥在这个项目上付出了很大的代价。

如果陈哥懂得换位思考，懂得站在对方的角度看问题，他就不会自私地只考虑个人利益，而不顾员工的死活，进而也不会控制不住自己的情绪，与亮亮争执，造成公司重大的损失。

人们也都有这样一个重要特点，即总是站在自己的立场去思考问题。假如我们能换一个角度，总是站在他人的立场上去思考问题，最终的结果就是多了一些理解和宽容，改善和拉近了人与人之间的关系。这一切都是从换位思考做起的，宽容这一美德也来源于换位思考。

宁宁很快就要跨进婚姻的殿堂了，但让她犯愁的是与婆婆的相处！有关于婆媳之间的纷争，宁宁已经听了很多，所以在婚前与婆婆相处时千般小心。两年下来，与婆婆的相处倒也平安无事，但毕竟未嫁入家门。现在就要成为真正的媳妇了，宁宁担心自己不会处理婆媳关系，特别是婚后还要和婆婆住在一起。

宁宁跟妈妈说了自己的担心，妈妈笑道：“孩子，试试换位思考的方法吧。如果遇到矛盾，就想想如果自己是婆婆，会怎么做，有什么样的心情和想法。一旦了解了，就能够明白婆婆的所有做法了。”

婚后，宁宁常常把“换位思考”这四个字记在心里。果然，日子过得平静无波，婆媳间就像母女一样，关系十分融洽。后来，在一次聊天中，宁宁才知道，原来婆婆也和自己有同样的担心，而婆婆也经常站在宁宁的角度进行思考。如此一来，两人的关系自然就越来越亲近了。

当代社会，大多数人对于处理婆媳关系的问题可是说是煞费苦心。其实，想要解决这一问题，我们不妨学学宁宁，站在对方的角度思考问题。立场的不同会产生摩擦，不及时解决就会彼此硝烟不断。这时，换位思考一下，往往会发现，问题其实可以迎刃而解。

当你在和别人沟通的过程中发生冲突时，尝试着站在对方的立场上来思考问题，就会很容易和平地解决问题。如果用强制的手段去解决问题，即使对方认错了，也很容易出现口服心不服的情况，而且还会为下一次更大的冲突埋下隐患。懂得换位思考，生活才会少一点摩擦，你也会少一点怒气。那么，我们如何换位思考呢?

1.要懂得观察对方的情绪

俗话说出门观天色，进门看脸色。人的情绪有很多是通过非语言方式表达的，察言观色是人们感受别人情绪的常见方法，人的喜、怒、哀、乐，常常挂在脸上。不注意观察别人的情绪表现，与人交往时就会遇到尴尬，有时甚至遭受难堪或者失败。

2.懂得尊重他人

我们要切实认识到：人是世界上最宝贵的，每个人的生命都是同等的、无价的，并无贵贱之分。只有基于这样的认识，我们才能从根本上体会公平的意义，才能做到尊重人，理解人，帮助人。一个连人的意义都不能正确理解的人，是做不到心胸豁达的。

3.学会多角度看问题

任何事物都是相对的，站在一个角度看是一种感觉，换一个角度感觉可能就会不相同。因此我们不要片面地看问题，尤其不能只站在自己的角度看问题，应调整好自己的参照点和观察点，多站在对方的立场观察，以便形成良好的感觉和积极的心态，得出更全面的结论。

做人要站在别人的立场上多为别人想一想，看问题也要经常换一个角度。所谓的换位思考，就是换一个角度看问题，而不是一成不变地跑直线，不要像我们平常所说的那句话：不撞南墙不回头。

反击对方时，请保持平静的微笑

面对那些令自己生气的人和事，我们该如何对待呢？有的人放不下心中的怒气，心想：既然你让我生气，我就不会轻易放过你。如此这般，虽然让对方生气了，但把自己也推进了怒火的深渊，无疑得不偿失。其实，对那些故意气自己的人，最有效的办法是回以平静的微笑，用微笑蔑视他，令他感到无奈或愤怒，而自己在微笑的作用下变得平静，最后也达到了自己的目的。在生活中，有那么一些人，他们唯恐天下不乱，总是想方设法来考验你的好脾气，似乎故意跟你对着干，你生气，他就幸灾乐祸，你越是生气，他就越高兴；反之，如果你对他的恶劣言行表现得很淡然，他心中就会有一种说不出的痛苦。所以，面对这样一些人，我们应该以平静的微笑蔑视他，将微笑作为最好的回击利器。

有这样一位清洁阿姨，每天，她不仅干着最劳累的工作，而且常常遭受路人的白眼和不屑，但是，无论在什么时候，她所流露出来的都是笑脸。有记者采访她，问道："为什么看到那些骂你的、蔑视你的人，你都不会生气呢？"清洁阿姨回答说："有什么值得生气的呢？他们对我无礼，我岂能还之以无礼，他们用最肮脏的话、最冷漠的眼神来蔑视我，我当然以笑容来蔑视他们啊，因为失去修养的是他们，而不是我，如果我生气了，不正好中了他们的心思吗？所以，面对这些故意气我的人，我坚决不生气。"

简简单单的几句话，却揭示了事情的深刻道理。的确，既然是对方无礼的行为，我们又何须去生气呢？这不是拿别人的错误来惩罚自己吗？那么，最好回击他人的办法，就是给予对方一个平静的微笑，这不仅仅可以作为回击的利器，而且，亲切的微笑有可能感化对方，融化他人心中的怒气。

有一位商人见到诗人海涅，对他说："我最近去了塔希提岛，你知道在岛上最能引起我注意的是什么？"海涅说："你说吧，是什么？"商人说："在那个岛上呀，既没有犹太人，也没有驴子！”原来海涅是犹太人，他的笑容很平静，回答说：“那好办，要是我们一起去塔希提岛，就可以弥补这个缺陷。”

商人将犹太人与驴子相提并论，本意是想激怒海涅，没想到，海涅却用平静的笑容和机智的话语回敬了他。面对海涅的笑容，以及其中隐含的蔑视，商人无以言对。一个容易生气的人，很容易被他人的言语激怒，从而说出一些不利于自己的话语。其实，你越是生气，对方则越会因为计谋得逞而心花怒放，如此这般，你还要往陷阱中跳吗？所以，不管别人让自己如何生气，我们都要保持平静的笑容，这样，对方才不会有机可乘，并且收敛自己的嚣张气焰。

郑伯是一位有“名气”的人，为什么说他有名气呢？主要是因为他的脸上时常挂着微笑，最为特别的一点是：越是遇到生气的事情，他会笑得越欢快，看起来似乎一点也不生气。大家对郑伯这样的表现很不解，有人疑惑：“郑伯，你是不是被骂傻了？”郑伯依然微微一笑，并不说话。

这天，郑伯带着小孙女一起去倒垃圾，可是，在下楼梯的时候，不小心将垃圾撒了一些出来，很不巧的是，这些垃圾撒在了王妈妈的门前。这位王妈妈可是不好惹的人物，因为她从来不讲理，最擅长讽刺挖苦、骂街哭闹。遇到这样的事情，郑伯先是赔礼道歉：“对不起啊，王妈妈，不好意思，我马上给你将垃圾清理了。”王妈妈可不依了，马上骂道：“死老头子，走路不长眼睛啊，明明知道这就是我家，你说你是不是成心的？”郑伯知道王妈妈的“战役”开始了，马上闭上了嘴巴，脸上挂着微笑，不作声了，只是默默地将垃圾清理了，然后就带着孙女离开了。

走在小区的路上，小孙女很疑惑：“爷爷，你为什么总是那么好脾气呢？人家骂你，你都不吱声，是不是害怕啊？妈妈骂爸爸的时候，爸爸也不敢说话，不过，他可不像你，还赔上笑脸。”郑伯笑了，回答说：“当然不是了，我是在蔑视这些坏脾气的人，以前我也反击，与他们对骂，可是，我发现这样做的后果是将自己置于怒火之中，于是，我什么都不说，我就微笑着看你骂，你希望我生气，我就偏不生气……后来，这就成为习惯了，乖孙女啊，以后要是有人来气你，你就用微笑蔑视他，这样，他的气就没处撒了。”

面对无礼者的言语攻击，郑伯没有怒气冲冲，也没有正面回应，而是始终保持温文尔雅的微笑，他的表情时刻显示出一种平和的情绪，就是这种情绪压倒了对方。在生活中，如果遭受了别人的言语攻击，我们需要做的不是生气，而是控制自己的情绪。保持平静的微笑，这样反击对方会更有力量，一方面，我们可以表现自己的涵养，另一方面，保持平和的情绪，才能冷静、从容地思考出最佳的对策。

在任何时候，平静的微笑都能够给予一定的征服力。当律师的人都知晓这样一个道理，谁能在法庭辩护时保持平静的微笑，谁就能够赢得最后的胜利，因为愤怒的情绪就如同一个魔鬼，它会带领着我们走向地狱。

平静的微笑，可以帮助我们认真地思考，同时，对于自己也是一个防御工具，不管内心的情绪起伏有多大，只要保持平静的微笑，就能给对方强有力的震撼，那看似平和的微笑，实则是对他人的蔑视。所以，如果身边有人气你，学会用平静的微笑来蔑视他。

请努力向上吧

约翰·保罗说："一个人的真正伟大之处就在于他能够认识到自己的渺小。"鳄鱼经常狩猎，可是，总是失败大于成功，有时候，它们很长时间都得不到食物，但是，它们并不会生气，而是坦然接受这样一个结果。它们不沮丧、不气馁，不悲不喜，以平常的心态养精蓄锐，抓住每一次机会。在它们心中，一直相信猎物迟早会出现的，并时刻准备着，或许，就是那份激情与动力，让它们成了真正的强者。失败和失意是我们生活中常见的，有的人在面临失败时会气得捶胸顿足，似乎自己不应该受到这样的遭遇，其实，他之所以会生气，是因为丧失了激情与动力，他已经失去了成功的必备条件。有人说："生气是无能的表现。"这样看来，生气的确是一种无能力的表现，对此，我们需要练就"精气神"，点燃激情，让自己时刻充满活力，这样，我们就不会生气，而是化生气为动力。

谁能想到，鼎鼎大名的英国首相丘吉尔也曾遭遇失败。但是，面对自己的落选，丘吉尔没有表现出不满，而是显得更从容、更理智，那份激情与动力成为其坚实的基础，后来，他当然获得了成功。失败并不可怕，可怕的是你那消极的情绪和不振的心态。面对失败，只要我们练就强有力的“精气神”，心中怀着对未来的激情，以及理想激励下的源源不断的动力，我们就一定能获得成功。任何人在遭遇失败的时候，都免不了消极情绪的困扰，不过，那只是暂时的，我们所能做的就是战胜消极情绪，化失败为动力，重振雄风，朝着成功，努力前进。

1931 年美国经济大萧条，年轻的克罗克为了养活自己，不得不到处求职。他做过急救车司机、钢琴演奏员和搅拌器推销员。虽然克罗克偶尔也感觉自己的确是生不逢时，曲折坎坷的命运使他感到内心无助，但是，他始终怀着无比的激情，相信自己总有一天会打拼出辉煌的事业。

1955 年，克罗克回到了老家，开始经商，即使他已经年过半百，但是，他对生活的激情还是没有变，他借债270万美元买下了麦当劳兄弟的餐厅，创立了麦当劳快餐店。经过几十年的用心经营，麦当劳已经成为世界著名的快餐公司，克罗克被誉为“汉堡包王”。

对于降临到自己头上的命运，人们往往会有两种不同的态度：一种是逆来顺受，一种是激情拼搏。逆来顺受是一种消极的心态，消减了自信，剩下的就只有接受；而激情拼搏是积极的，即使一次次失败，也不能真正地打败他。积极的人的心中有源源不断的激情和无限的动力，所以，他没有时间来生气、怨恨自己为什么不能成功。他所能做的就是再次站起来，以自己的激情与动力为基础，努力拼搏。总有一天，他们会站立在成功的高峰。

小李是一名歌手，虽然他唱歌很好听，但是由于身高不足一米七，一直没能成名。有一次，小李所在的城市举办了一场歌唱比赛，小李想借此机会成功，但是，当他去面试的时候，工作人员竟这样说："就你还想出名？小伙子，你还是回家先照照镜子吧。"在人们的嘲笑声中，小李被推到了门外，但是，小李不服气，心想：你们太小看人了，我怎么了？我早晚会成为一个歌手的，不信你们等着吧。

在门外，其他一些来面试的歌手对小李指指点点，忍不住窃窃私语，有的人还笑了出来。小李微笑着看着他们，并不为大家的行为感到生气，他昂首挺胸地离开了。后来，像这样当面被人取笑的事情不知道出现了多少次，但小李从来不把这些事情放在心上，他一直没有放弃对音乐的追求。终于，奇迹出现了，不久以后，一名著名的音乐制作人看中了小李的音乐天赋，跟他签了约，小李也实现了自己的梦想，成了一名真正的歌手。

在任何时候，小李都有一股强大的精气神，一切的力量都源于一个目标：我早晚会成为一个歌手的。或许，正是那份坚忍不拔，以及在目标催动下的无尽激情，铸就了他最后的成功。

史玉柱，一个商界的奇才，一位从"巨人大厦"废墟中走出来的巨人，他缔造了一个又一个不朽的神话。他曾经失败了，但是，他并没有丧失前进的激情与动力。在现实生活中，许多人遭遇了失败，心一下子就落空了，浑身没劲，做什么都提不成精神，有的甚至会胆怯地选择自杀。其实，只要你还活着，你就有再生的希望，保持那份精气神，凭着内心的激情与动力，努力向前走吧！

生活中，在我们身边也有这样一些人，虽然他们经历了失败与挫折，但是，他们从来不为之生气，因为心中那份永不熄灭的激情，还有对未来无限追求的动力，他们选择不放弃。他们更希望用自己的实际行动去证明自己是能行的。其实，他们才是世界上真正的强者，因为他们能经受住来自生活的一切打击。

心中收纳大海，才能宽容他人

在酷热炎暑之时，白居易拜访得道高僧恒寂大师，却见禅师安静地坐在密闭如蒸笼的禅房内，并不像其他人那样汗如雨下。对此，白居易很受震动，作诗曰：“人人避暑走如狂，独有禅师不出房；非是禅房无热到，为人心静身即凉。”禅师的心境已经变得如水一样平静，无论面对酷暑，还是不如意的事情，他都安静地坐着，任何怒火似乎都感染不到他，这才是真正虚怀若谷的境界。

一位已婚的女士这样说道：“我脾气很坏，常常容易生气，有时候会因为老公的一点脸色而郁闷，甚至不安于平静，总是想弄出点响动。但是，闹过了吵过了，最终却把自己搞得伤痕累累，伤了自己，同时也伤了别人。”我们都看见过辽阔的大海，平静的水面一望无垠，若是向大海里投入石头，无论多大或多小，似乎都激不起半点浪花，它还是那么平静，这就是大海的心境。同样的道理，对于一个人来说，要想自己能够克制内心愤怒的情绪，我们需要拥有像大海一样宽阔的心境。

一位老妇人在50周年金婚纪念日那天，向来宾道出了自己保持婚姻幸福的秘诀。她说：“从我结婚那天起，我就准备列出丈夫的10条缺点，为了我们婚姻的幸福，我向自己承诺，每当他犯了这10条错误中的任何一条的时候，我都不会生气。”有人好奇地问：“那10条缺点到底是什么呢？”

老妇人回答说：“老实告诉你们吧，这50年来，我始终没有把这10条缺点具体地列出来，每当丈夫做错了事情，气得我直跳脚的时候，我马上提醒自己：算他运气好吧，他犯的是我可以原谅的那10条错误当中的一个。”如水一样平静的心境不仅能为我们带来美满幸福的婚姻，而且可以宽慰自己的内心。这样一来，幸福、快乐的生活离我们还会远吗？

阿隐是一位刚刚进入寺庙的和尚，他希望自己能在寺庙修行中，做到真正的无欲无怒。在寺庙中有一位大师，听说他不管面对他人的什么评价，都只是淡淡地问一句：“就是这样吗？”阿隐希望自己能够成为那样的人，所以，他没事的时候，就会随着那位大师修行。

有一次，师父吩咐阿隐下山化缘，阿隐觉得自己的修行已经有些时日了，也想趁这个机会考验考验自己。在化缘途中，阿隐看到了几个蒙面大汉正在调戏一位女子，他心中的怒火顿时升了起来，赶上前去一看，那位女子已经吓得晕过去了。阿隐奉劝那些大汉离开，没想到那些人根本不听劝，反而怒骂：“臭和尚，看来你也六根未净啊，也想来占这女子的便宜？”阿隐一忍再忍，怒火还是爆发了，他使出了自己所学的本领，将那几个大汉打得哇哇叫，一会儿他们就逃走了。不过，阿隐自己身上也挂了彩。这时，那个女子已经苏醒过来，看到阿隐，当即给他一个耳光，怒骂道：“没想到一个出家人，还干出这样的事情来。”说完，想到自己的处境，不禁哭了起来。阿隐感到心中十分委屈，怨气顿生，他气得跺了两脚，就走开了。

回到寺庙后，阿隐向师父讲述了自己的经历，大师只是淡淡地说：“哦，就是这样吗？”阿隐有点生气，似乎师父对这些事情一点也不关心，这时，大师笑了，说道：“如果你能做到我这样，就能经得起任何怒火的刺激了。当心境变得如水面一样平静，无论发生什么，我的情绪都处于平静状态。”阿隐若有所悟地点点头，看来，自己的修行还是不够啊，还没有做到真正的“无怒”。

古人曰：“无故加之而不怒，猝然临之而不惊。”在生活中，无论我们遭遇了怎样的指责和非难，我们都应该像大师一样，随时保持心理上的平静，经得住怒火的挑逗，任何事情总会显露出它本来真实的面目，我们所需要做的就是等待。时间过去，怒火也平息了，好似从来不曾发生过什么一样。在我们身边，经常会发生这样或那样的误会，有时候就是小事一桩，时间长了我们也就忘记了，何必一定要让波涛汹涌打破平静的水面呢?

一天晚上，一位老禅师在院子里散步，突然看见墙角边上有一张椅子，他一看就知道有位出家人违反寺规越墙出去玩了，老禅师没有声张，而是走到墙边，移开了椅子，就地而蹲。不一会儿，果真有一个小和尚翻墙，黑暗中踩着老禅师的背脊跳进了院子里。小和尚双脚着地的时候，才发觉刚才自己踏的不是椅子，而是自己的师父。顿时，小和尚惊慌失措，张口结舌，但是，出乎意料，师父并没有生气，也没有严厉责备他，而是平静地说："夜深天凉，快去多穿一件衣服。"小和尚战战兢兢地走了，后来，他再也没有违反寺规越墙出去玩了，在老禅师的细心指教下，他也成了一位得道高僧。

在老禅师无声的教育中，小和尚没有被错误惩罚，而是被教育了。由此可见，老禅师所悟的是禅，但修的更是"心"啊！面对他人有意或无意之间所造成的错误，如果我们心中充满了怒气，心中惊涛骇浪，甚至希望别人能遭遇不幸或惩罚，在这样一个过程中，我们已经失去了平日那种轻松的心境和快乐的情绪。

学会修炼自己的内心，让它变得像水面一样清澈平静，即使向里面投进了一颗大石头，也不会激起半点波纹，因为心的内涵是不见底的，我们所能做的就是努力克制自己的情绪，争做情绪的主人。

第五章

警惕负面情绪，情绪不好脾气糟糕

充满怨气的天空，看不见美丽的彩虹

佛说：“烦由心生。”那么心呢？生活中，每个人不过是一个凡夫俗子，怎么会生出那么多的“负面情绪”呢？有什么值得生气的呢？一个人在生气时都有这样或那样的理由：受到不公正的待遇会生气，受到他人的辱骂会生气，受到朋友的欺骗会生气，等等。虽然，只要一个人还活着，他就免不了生这样或那样的气，但是，很多时候，我们只是“拿别人的错误来惩罚自己”，本来犯错的就不是自己，何必要生出那么多的气来？何故要抛弃开心呢？而且，生气既伤自己的身心，又会得罪朋友或身边的人。所以，学会为生活多增加一些阳光雨露，开开心心，不要被负面情绪绑架，因为充满怨气的天空是看不见美丽的彩虹的。

从前，有一个妇女，她心胸狭窄，总是为一些小事生气，每一次生气，她都没有办法控制自己。长此以往，这个妇女的脾气变得越来越坏，为了改掉自己的坏毛病，妇女向一位大师求助。见到大师，妇女就把自己的苦恼一股脑儿全倒出来，大师听了，一句话不说，就把妇女带到了一个封闭的柴房里，然后把大门锁了。妇女气得破口大骂，她一个人在漆黑的屋子里骂了很久，但是没有一个人来理会他。妇女骂累了，她想到自己无论骂多久都是没用的，她又开始哀求大师开门，但是，大师还是无动于衷。

后来，妇女沉默了，大师才来到了门外，问道：“你还生气吗？”妇女回答说：“我生气的是我自己，我真是瞎了眼，怎么会到你这种地方来受罪。”大师眼睛看着远处，说道：“连自己都不原谅的人怎么能心如止水？”说完拂袖而去。过了一会儿，大师又来了，问道：“还生气吗？”妇女回答说：“不生气了。”大师追问：“为什么？”妇女无奈地回答：“气也没有办法呀。”大师点点头，说道：“但是，你的气并没有真正消失，那气团还压在心里，爆发后将会更加剧烈。”说完，大师又离开了。

大师再次来到门前，妇女主动告诉大师：“我不生气了，因为这根本不值得。”大师笑着说：“还知道值得不值得，可见你心中还有衡量，还是有气根。”妇女不解，问道：“大师，什么是气？”这时，大师打开了房门，将手中的茶水洒在地上，妇女想了很久，恍然大悟，向大师叩谢而去。

在大多数的时候，生气并不能真正解决问题，即使心中有气，问题也未必能够得到好转。而且，生气是一件不值得的事情，既然生气了还是不能解决问题，那何不怀着一份开心的心情来面对呢？积极乐观的心态或许会对解决问题有良好的助推作用。我们摆脱了“负面情绪”的打扰，重新获得了一份愉快的心情，这何尝不是一件美事呢？

哲人说：“生命的完整，在于宽恕、容忍、等待和爱，如果没有这一切，即使你拥有了一切，也是虚无。”生活中本没有那么多的烦恼，而是生气太多，烦恼才会形成“气团”，从而使我们的生活不得安宁。如果你能仔细回想每一件事情，你会发现，原来上天也很眷顾自己，亲人一直陪伴左右，朋友也从未主动离弃。为什么一定要受坏情绪的绑架呢？

1.对负面情绪置之不理

负面情绪是一种奇怪的东西，若是吞下去会觉得反胃；若你根本不在意它，那么，它会主动消失。如果你总是任由“负面情绪”横冲直撞，那么，乌云将笼罩整片天空；如果根本不在意它的存在，那么，美丽的彩虹会重归生活。人生的快乐是享受不尽的，哪里还有多余的时间去生气呢？在任何时候，我们应该永远记住：生气是用别人的错误来惩罚自己。

2.生气是用别人的错误来惩罚自己

德国哲学家康德曾说：“发怒，是用别人的错误来惩罚自己。”或许，别人的错误是应该受到惩罚，但并非一定要通过自己的生气来实现，而且，生气并不能达到惩罚他人的目的。既然错误在于别人，自己为什么要生气呢？

3.生气毫无用处

难道自己发了很大的脾气，对方就能受到惩罚吗？结果恰恰相反，气得大哭，红肿的是自己的眼睛；气得一个人喝闷酒，伤害的是自己的身体；气得丧失理性，疯狂购物，挥霍的是自己的钱财。其实，这都是对自己的惩罚。而且，生气非但解决不了问题，反而会把问题弄得更加复杂。所以，面对他人有意或无意造成的错误，请学会开心，这样，生活的天空就会时常出现美丽的彩虹。

控制你的情绪，否则情绪便控制了你

著名作家大仲马说："你要控制你的情绪，否则你的情绪便会控制了你。"对此，耶鲁大学组织行为教授巴萨德说："有四分之一的上班族会经常生气。"如此看来，人们经常受到不良情绪的干扰，而且，稍有不慎，情绪就会成为我们的主人。有人这样形象比喻："经常性的生气就好像不断地感冒一样。"在日常生活中，如果我们想要避免感冒的侵袭，通常的做法是防护自己的身体，这样，感冒的病毒就不会传染到自己的身上。负面情绪与感冒一样，如果我们没能做好预防工作，无可避免地会常常生气或感冒。因此，为了不让坏情绪的毒传染到自己，我们应该做好一级防护。爱德华·贝德福讲述了自己的经历：

十几年前，在美国最著名的石油公司，有一位高级主管做出了一个错误的决策，而这个决策使整个公司亏损了200多万美元。当时，洛克菲勒是这家石油公司的老总，而贝德福则是这家石油公司的合伙人。事情发生之后，贝德福从侧面了解到，在公司遭到巨大经济损失后，那位主要责任人一直在躲避洛克菲勒，企图躲过一劫。贝德福感到事情不好处理，怀着对那位主管的责难心情，走进了石油公司的办公室。

当贝德福走进洛克菲勒的办公室，正看见他在一张纸上写着什么，或许是听到了脚步声，洛克菲勒抬起头，向贝德福打招呼：“哦，是你？我想你已经知道我们公司的损失了，我思考了很久，但是，在叫那个高级主管来讨论这件事情之前，我做了一些笔记。”贝德福点点头，心想，应该计算一下那位主管所造成的经济损失，这样才有说服力。贝德福走了过去，看了看那张纸，顿时惊呆了，那张纸上居然写着那位高级主管的一系列优点，其中，那位主管还曾三次为公司做出过正确的决策，于是，洛克菲勒在后面备注了这样一句话：“他为公司赢得的利润远远超过了这次损失。”

看完了洛克菲勒所记载的那些，贝德福感到十分不解，向他质问道：“难道你打算原谅那位让公司损失 200 万美元的家伙？你对此难道不感到生气吗？”洛克菲勒并没有理会夹杂在话里的怒气，他笑着回答：“难道你觉得这样不合适吗？听到公司损失的消息之后，我比你生气，当时就决定解雇这位主管，但是，当我平静下来以后，发现事情并没有如此糟糕，经济的损失可以通过下次再赚回来，而优秀员工的失去则是不可挽回的。”当然，那位主管最后并没有受到任何责备，贝德福心中的怒气也消失得一干二净。

这件事情对爱德华·贝德福的影响非常大，以至于后来他在回忆这件事情的时候，还忍不住发出了这样的感慨：“我永远忘不了洛克菲勒处理这件事的态度，它影响了我以后的生活，我不再轻易生气，甚至，面对怒气，我已经做好了一级的防护工作。”这一点并不假，所有贝德福下面的员工都可以作证，在这件事以后的时间里，贝德福的脾气出奇地好，几乎没有情绪波动的时候。

生气，是一个人由于自己的尊严或利益受到伤害而产生冲动的情绪，并且这样的状态很难一下子就冷静下来。生气是人的弱点，所谓的大胆和勇敢，并不是动辄生气，而是学会思考，学会克制自己内心的冲动情绪。

1.学会冷静思考

阻止不良情绪的蔓延，就如同抵制感冒的侵袭，我们应该增强自身抵抗能力，善于思考，努力使自己变得平和，这样，即使情绪怒气冲冲而来，我们也能将它阻拦在外，冷静处理事情。当然，为了避免怒气的蔓延，我们所需要做的防护工作主要就是学会思考，冷静使自己在怒气来临时变得平和，这样我们才能有效地避免盲目冲动。

2.不断地设想这件事的好处

如何才能做到冷静思考呢？对此，爱德华·贝德福这样说道：“每当我克制不住自己冲动的情绪，想要对某人发火的时候，就强迫自己坐下来，拿出纸和笔，写出某人的好处。每当我完成这个清单时，内心冲动的情绪也就消失了，我也能够正确看待这些问题了。这样的做法成为我工作的习惯，很多次，它都有效地制止了心中的怒火。逐渐地，我意识到，如果当初我不顾后果地去发火，那会使我付出惨重的代价。”

贝德福有这样的习惯，其实是得益于自己早年所经历的这个故事。

克服消极情绪，心向光明

有人说：“人一生的历史就是一部同消极情绪作斗争的历史。”这句话似乎有点夸张，但是，如果你仔细一想会发现，这话有一定的道理。从另一个方面说明，克服内心的消极情绪对我们的人生成功具有重要的意义。当然，如果我们总是容易生气，任由负面情绪不断膨胀，那么，本来应该成功的我们也有可能会发挥失常，这是相辅相成的。

对于大多数足球迷来说，2006 年的世界足球杯并不陌生，当时，法国与意大利队进行决赛。在加赛的最后10分钟，由于受到对手的挑衅，法国著名球星齐达内突然情绪失控，用自己的身体冲撞对方的球员。由此，他得到了一张红牌，让自己的足球生涯画上了句号，还导致了法国队的失败。对于我们来说，负面情绪是一个致命的阻碍，尤其当我们即将获得成功的时候，我们会在负面情绪的影响下发挥失常。所以，任何时候，我们应该及时疏导自己的情绪，化解“负面情绪”，这样我们才有可能赢得最后的成功。

1965年9月7日，世界台球冠军争夺赛在美国纽约举行。当时，闻名世界的台球选手路易斯·福克斯十分得意，胸有成竹，由于自己的成绩遥遥领先于其他选手，只要正常发挥，自己便可登上冠军的宝座。

谁料，就在路易斯·福克斯准备全力以赴拿下整个比赛的时候，却发生了一件令自己意想不到的小事：一只苍蝇落在了主球上。刚开始，路易斯并没有在意，他只是挥手赶走了苍蝇，然后就俯身准备击球。可是，当路易斯的目光落到主球的时候，他发现那只可恶的苍蝇又停留在了主球上，路易斯皱着眉头赶走了苍蝇。这时，细心的观众发现了这一现象，不时发出阵阵笑声，大家都饶有兴趣地看着路易斯的一举一动，路易斯摇了摇头，再次俯身准备击球的时候，那只苍蝇好像故意与自己作对似的又落在了主球上。

就这样，路易斯与那只苍蝇一直周旋着，观众的笑声一浪接着一浪，似乎并不是在观看台球比赛，而是看滑稽表演。此时，路易斯的情绪显然恶劣到了极点，当那只苍蝇再次落在主球上的时候，路易斯终于失去了理智和冷静，他气得用球杆去击打苍蝇，却一不小心碰动了主球，对此，裁判判他击球，路易斯因此失去了一轮的机会。

在这场比赛中，约翰·迪瑞是路易斯的对手，本来，约翰认为自己已经注定了失败，但是见到路易斯被判击球，约翰不禁信心大增，连连过关。而在台球桌的另一边，路易斯在愤怒情绪的驱使下，连连失利。最后，约翰获得了世界冠军，路易斯失败了。

不过是一只小小的苍蝇，却击败了一个世界冠军。在愤怒情绪的驱使下，路易斯发挥失常，最终与成功失之交臂。我们在扼腕叹息的同时，不禁为此感到震惊。这就是愤怒情绪所积压成“气团”的力量，它可以将我们阻拦在成功大门之外。

在大不列颠战争中，英国故意轰炸了德国的柏林，这一行为使得希特勒非常生气，一气之下，希特勒开始把攻击对象从天空转移到陆地，对各大城市进行大规模的轰炸。然而，轰炸并没有对英国造成重大的损失和人员伤亡。相反，英国很好地利用了这一契机，并重新更新了雷达系统，这样一来，德国人的生气实则减轻了英国机场的压力。试想，如果当时希特勒能够克制生气的情绪，那么他就很有可能打赢这场战争。

1.别让负面情绪干扰内心的宁静

生气就像一只乱飞的苍蝇，让我们内心失去原有的宁静，这样，我们有可能会对问题的判断失准，从而做出一些难以挽回的举动。所以，在生气的时候，要慎重考虑，否则将会带来一些不必要的麻烦，甚至导致整个计划的失败。

2.谨慎负面情绪的连锁效应

只要生活在这个世界，我们就会面对许多情绪，情绪似乎主宰了我们的一切，有人这样说道：“一切争吵都是从情绪开始的，一切纷争都来源于情绪。”其中，生气往往会引起强烈的反应，郁积成“膨胀”的负面情绪，甚至有可能产生连锁反应，最后导致“火山”爆发。

3.叫停、想一想、再去做

在距离成功越近的时候生气了该怎么办呢？最好的办法就是让生气的情绪停下来，让“负面情绪”消失，以一种平和的心态追逐成功。如何克制内心的愤怒情绪？对此，心理专家向我们支招：“叫停、想一想、再去做，这三个步骤，是避免陷入怒火的最好方法。”

在意他人的眼光，会逐渐暗淡你的光彩

我们应该明白一个道理，人活一世，不可能做到人人满意，人人喜欢，总会有人对你有所反感。所以我们没必要那么在意别人的看法，影响自己的情绪，让自己在纠结中痛苦。请记住，如果你只知道跟着他人的眼光生活，那么你会逐渐暗淡自己的光彩。

所以说，保持心境通达，做好自己，才能让自己摆脱心灵的束缚。做事情的时候也不要太在意别人的看法，没有必要因为别人的想法而折磨自己。走自己的路，让别人说去吧。

一位画家想画一幅能够让所有人都喜欢的画，所以他每天都沉迷于绘画中，不断努力，几个月下来这幅画可以说让自己十分满意，于是他就想到大街上去展示。他在画旁边放了一支笔，并附上一则文字：如果谁认为这幅画哪里有欠佳之处，请赐教，并在画中标出。等到晚上画家带着画回去的时候，他发

现整幅画都被涂满了标记——每个笔墨都被指出不足。画家心中十分不悦，感到失望。

次日，画家还是感到不服，决定用另一种方法试一下。于是他又画了一张同样的画拿到市场上展出。但这次，他请观赏者将其最欣赏的妙笔做上标记。结果是，一切曾被指责的笔墨，如今却都换上了赞美的标记。“原来如此！”画家不无感慨地说道，“我现在发现了一个奥妙，那就是我们不管做什么，都不要去在乎别人怎么评价，只要有一部分人认可就足够了。因为，在有些人看来是丑的东西，在另一些人眼里恰恰是美好的。”

现实生活中，没有人能做到人人满意。即便你再优秀，也有人对你不满，指责你。当你尽力做事的时候，有人会夸赞你，也有人会讥讽你，同时也有人会记恨你。在这个世界上，没有一个不被批评的人。假如我们一直按照别人的说法去生活，那么这个取悦他人的过程将是你疲惫不堪的过程，也是丧失自我的过程。

或许大家都听说过爷孙俩和一头驴的故事。爷孙俩赶着一头驴上集，爷爷出于对自己孙子的疼爱，把驴让给孙子。有人对孙子说，你怎么一点尊老的美德都没有，竟然让自己年迈的爷爷走路。

孙子听后，把驴让给爷爷骑，可是又有人对爷爷说，怎么忍心让自己如此年幼的孙子走路呢。于是乎，爷孙俩商量着一块骑，可是这一次反对的意见更大了，怎么忍心让瘦小的驴承受两个人的重量呢！爷孙俩从驴上下来，又商量着那就一块走吧。走了还没一会儿，旁边就有人嘲笑着："瞧那俩人多傻，有驴不骑，还非得走路呢。"

这个故事有人说傻，有人说搞笑，有人沉默，有人读出了其中的道理。静心想想，我们何尝没经历过这样的场景呢？每个人对事物的评判标准都不一样，你也不可能达到别人所要求的标准。迷茫终究会渐渐削弱自己内心的那份坚持与目标，所以说走出他人的阴影吧，为自己好好地活着。坚持自己，坚持自己内心的想法，不要太看重别人对你的看法，这样你的心情将会好一些，开心也会多一点。

要想改变这种太在意别人看法的习惯，需要做以下几点：

1.增强自信心

总是听信他人，主要是由于内心的不自信。因此我们要学会增强自信心，提高自己的能力，这样才能坚定自己做出自己的选择，不让自己的情绪因他人而受到波动。

2.情绪上保持自我

生活上要有自己的主见，情绪上也是如此。在与人交往时，要保持自己情绪的自由与独立，不卑不亢，能够合理表达自己的内心感受。

3.有所行动

想要改变自己最终还是体现在行动中。学会用实际行动表达自己的观点，对于他人的扰乱要学会拒绝，要懂得坚持己见但也不要固执，要不了多久你就会体验到改变，体验到进步，体验到成长，体验到快乐与自信。

做一个自己情绪的旁观者

有一位智者，他脾气十分温和，几乎从来不生气。弟子好奇地问他：“师傅，难道你就这样永远不会生气吗？”智者微微一笑：“生气是什么呢？每当事情发生了以后，我都会告诫自己，事情可以比现在更糟糕的，看来，我还是算幸运的，所以，有什么值得生气的呢？如果有人犯了错误，本身错误在于他自己，我何必要生气呢？每天，生活的快乐，我都来不及感受，哪有什么时间来生气呢？”

有一天，七里禅师正在蒲团上打坐，突然，一个强盗闯出来，拿着一把又明又亮的刀子对着他的脊背，说：“把柜里的钱全部拿出来！否则就要你的老命！”七里禅师似乎并不害怕，只是缓缓说道：“钱在抽屉里，柜里没钱，你自己拿去，但要留点，米已经吃光，不留点，明天我要挨饿呢！”那个强盗拿走了所有的钱，在临出门的时候，七里禅师说：“收到人家的东西，应该说声谢谢啊！”强盗转过身，说：“谢谢。”霎时间，强盗心里十分慌乱，几乎从来没有遇到这样的事情，这使他愣了一下，才想起不该把全部的钱拿走，于是，他掏出一部分钱放回抽屉。

没过多久，这个强盗被官府捉住，根据他所提供的供词，

差役把他押到七里禅师的寺庙去见七里禅师。差役问道：“几天之前，这个强盗来这里抢过钱吗？”七里禅师没有生气，微微一笑，说道：“他没有抢我的钱，是我给他的，临走时也说声谢谢了，就这样。”强盗被七里禅师感动了，只见他咬紧嘴唇，泪流满面，一声不响地跟着差役走了。

这个人在服刑期满之后，便立刻去叩见七里禅师，求禅师收他为弟子，七里禅师对他没有半点怒气，只是摇摇头，不答应。这个人长跪三日，七里禅师终于收留了他。

生活中总是有这样或那样不如意的事情，有可能会挑动起我们心中的怒火，但是，当你在生气的时候，是否意识到自己是在被情绪牵着鼻子走呢？当心中怒火开始蔓延的时候，我们应该做的第一件事就是尽量让自己安静和放松下来，冷静地思考现在到底出现了什么样的情况，而不是顺其自然地让“怒火”蔓延开来，让自己被情绪牵着走。

阿文是一个脾气暴躁、情绪容易激动的女孩子，由于她的脾气太坏，交往多年的男朋友也离开了她，朋友们都为她感到惋惜，而阿文自己似乎也感觉到了脾气暴躁的坏处。有一天，阿文走进了心理咨询室，向心理医生求教：“如何才能改掉我的坏脾气呢？”

心理医生没有说话，想了想，拿出了两个透明的玻璃瓶，然后分别装上了同样多的清水，随后，他又拿出了一些大小均匀的玻璃球，有白色的，有蓝色的。这时，心理医生对阿文说：“当你生气的时候，就把一颗蓝色的玻璃球放到左边的玻璃瓶中；当你克制住脾气的时候，就把一颗白色的玻璃球放进右边的玻璃瓶里，从现在开始，你应该学会理性控制自己的情绪。”

阿文一直照着心理医生的建议去做，过了一段时间，阿文带着两个玻璃瓶来到了心理咨询室。心理医生将玻璃瓶中的玻璃球捞了起来，阿文发现，那个放蓝色玻璃球的水变成了蓝色，心理医生趁机说：“你看，原来的清水投入到‘坏脾气’中，也被污染了，相同的道理，你的言行举止也会感染人，就像这个玻璃球一样，一定要控制自己的言行。”阿文点点头，脸上露出了温和的笑容。

当阿文再一次走进心理咨询室的时候，那瓶装着白色玻璃球的瓶子已经溢出了水。心理医生欣慰地笑了，慢慢地，阿文的坏脾气消失了，生活走入了正轨。后来，她打电话给心理医生，在电话里，阿文抑制不住内心的激动告诉医生：“我新交了一个男朋友，他很优秀。”对于阿文来说，生活似乎变得越来越美好了。

普鲁斯特说：“愤怒不能同公道和平共处，正如鹰不能同鸽子和平共处一样。”心理医生教给阿文的这个方法，其秘诀在于：把自己当作思想的旁观者。阿文在所做的每一件事情中，并没有涉及如何去控制自己的怒火，而是意识到“怒火”带来的危害性，在这种思想的慢慢渗透下，阿文逐渐改掉了自己的坏脾气，认识到了“救火”的重要性。慢慢地，阿文学会把自己当作一个思想的旁观者，她开始清楚地认识“生气”，领悟到在生活中许多事情不值得生气，或根本没有必要去生气，这样一来，阿文的生活步入了正轨，生活也变得越来越美好了。

第六章

学会倾诉和发泄，调解极度崩溃心理

宣泄不良情绪的妙招

情绪是一种奇妙的心理活动，是人对客观现实的一种特殊的反应形式。情绪有很多种，积极、良好的情绪能够成为我们工作、生活的助力，而消极的、负面的情绪则会对我们的身心健康产生破坏作用。因此，转换消极的情绪，发扬积极的情绪，做自己情绪的主人，把自身情绪提升到有益于个人进步和社会发展的高度是十分必要的。

有理智的人完全能通过自己的意志来控制情绪。那么少年们，当你发现有不良情绪滋生时，你应该怎么做呢？以下几个方法希望能给你一点帮助。

1.转移注意力

当你被生活的困难折磨得厌烦不已时，你可以转移自己的注意力，比如听舒缓的音乐，看些自己喜欢的电视节目，也可以窝在温暖的角落看一本自己喜欢的书。当你能够放松自己，让自己的思维畅想天际时，你也就能平静下来，淡化烦恼，心平气和地解决问题，这是控制情绪最有效的办法。

2.遇忧而自解

生活是丰富多彩的，每个人的生活经历不尽相同，面对困境，人人都要注重自身涵养，做到不以物喜，不以己悲，遇忧而自解，逆境而超脱。对于自己不满的事情，要尽可能多包容，用乐观大度的态度去应对，这往往可以使一件原本紧张的事情变得轻松无比。

3.寻找发泄的窗口

当我们身体里充满负面情绪时，适当的发泄十分有必要。到空旷的海边、山林里大声嘶吼，疯狂地奔跑或是拼命地击打沙袋，这都是人们发泄情绪的窗口。选择用适当的方式，让自己的不良情绪得到及时的发泄，以便自己能够从大局、长远去考虑之后的事情，这才是我们正确对待情绪的态度。

现代人的生活节奏越来越快了，生活中的各种压力让我们容易产生负面情绪，如果任由这些负面情绪积压，就会产生心理疾病。想要赶跑负面情绪，除了要保持开心乐观的心情外，也要对其有一个正确的认知。

驱赶心中闷气，将自己解脱出来

法国作家大仲马说：“人生是一串无数的小烦恼组成的念珠。”在日常生活中，烦恼、怨恨、悲伤、忧愁或愤怒等都是常见的情绪反应，而闷气是生气的内在表现。一个人生闷气的时候，实际等于整个人都陷入了不良情绪之中，容易产生孤独感和抑郁症。总而言之，闷气让一个人变得郁郁寡欢，因此，我们需要寻找让自己放松的方式。在电视剧《北京人在纽约》

里，破产的威胁，失败的阴影来袭的时候，王起明一边开车一边高唱“太阳最红……”，获得了心灵上的暂时放松；在日本，每年都要举办一次呐喊比赛，那些情绪不满者向远处的大山大叫，以发泄心中的怒气。或许，每一个人都有着不同的放松方式，但是，我们最终的目的都是赶走郁积在心中的闷气。

培根说：“无论你怎样表示愤怒，都不要做出任何无法挽回的事来。”美国前总统林肯如果在外面和别人生气了，回到家里就会写一封痛骂对方的信，当家人第二天要为他寄出那封信的时候，林肯会极力阻止：“写信时，我已经出了气，何必把它寄出去惹是生非。”如何面对心中的种种不良情绪？当然是合理地宣泄，放松自己。一个年轻女孩来到心理咨询中心，说道：“前两个月我被公司解聘了，心里很恼火，不愿意见人，整天就待在家里，憋得心慌，内心也变得更加痛苦，有什么办法能够摆脱这样的处境呢？”心理医生这样建议：“你这样是不行的，时间长了就会变得郁郁寡欢，寻找一种让自己放松的方式吧。”

里根是一个性格温和的人，但是，有时候他也会发脾气。当他生气的时候，就会把铅笔或眼镜扔在地上，然后很快就能恢复情绪。有一次，里根对侍从人员说：“你看，我在很久以前就学会了这样一个秘诀：当你生气时，如果控制不住自己，不得不扔掉一些东西来出气，那么就要注意把它扔在你的面前，一定不要扔得太远了，这样捡起来就会省力很多，捡起了东西，心情自然也就放松了。”

其实，在很多时候，所谓的放松方式就是发泄心中烦恼。无压力地宣泄不满情绪，将心胸放开，这样就会减少一些不必要的烦恼，而且，避免了不良情绪感染到其他人。有一位商人在谈到自己放松的方式时，他说：“当我自知怒气快来的时候，连忙不动声色地想办法离开，跑到自己的健身房，如果我的拳师在那里，我就跟他对打；如果拳师不在，我就猛力地捶击皮囊，直到发泄完自己满腔怒火，整个人轻松下来为止。”愤怒是由于心理上失去了平衡，或者是自己的要求和欲望没能得到满足。因此，我们可以转移心境，寻找一种轻松的方式，这样怒火自然就会被浇灭了。

《吕氏春秋》记载了这样一个故事：

齐文王患了忧虑病，没能找到正确的治疗方式，时间长了，病情越来越严重，甚至到了卧床不起的地步。这时，大臣建议请名医来诊断病情，于是，齐国派人到宋国去请来名医文挚给予医治。文挚查看了齐王的病情，判断出必须采取一定的方式来赶走病人心中的闷气，但是，顾虑到这样会触怒齐王而惹来杀身之祸。对此，齐国太子向文挚保证，无论如何都会保证医生的安全。于是，与文挚约好了看病的时间，但是，文挚却连续三次失约，齐王虽在病床上，却对此十分恼怒。

后来，文挚终于应约而来，但是，他不脱鞋就上床，践踩齐王的衣服问病，气得齐王不搭理他。这时，文挚用粗话刺激齐王，齐王终于按捺不住，翻起身来就大骂，没想到，齐王的病却因此好了。

所谓“怒动其身形、冲破忧伤烦闷的不良情绪”，有人在愤怒时暴跳如雷，面红耳赤，实际上，这就是一种能量发泄。人们常说：“言为心声，言一出，心便安。”积极的能量发泄可以采取唱歌、怒吼等方式。另外，哭泣也是一种行之有效的方式，据调查，85%的妇女和73%的男人在哭过之后，心情就会好受一些。威廉·菲烈博士说：“哭可以将情绪上的压力减轻40%，哭是健康的行为，值得鼓励。”

同时，将心中的烦闷写出来，这也是一种自我放松的方式。一般情况下，写诗、写日记都能够有效地发泄郁积在心中的闷气，使情绪恢复到平静。从心理学上说，适当发泄长期以来积压的闷气，可以减轻或消除心理疲劳，比起将闷气郁积在心中，将怒气发泄出来会更好，这样可以使我们变得轻松愉快。闷气就像夏天的暴风雨一样，需要我们适当发泄，这样才能净化周围的空气，缓解心中的紧张情绪。

生闷气只会让我们变得越来越抑郁，想要自己获得全身心的轻松，我们必须寻找一些轻松的方式，发泄心中不满的情绪，驱赶心中的闷气，将自己解脱出来。

呵护心理健康，建立和谐人际关系

随着生活节奏越来越快，来自社会各方面的压力也越来越大，由此引发的各种心理疾病也层出不穷。在最开始的时候，人们并没有意识到心理疾病带来的危害性，他们只重视身体上看得见的健康，而忽略了心理健康问题。实际上，比起身体上的健康，心理上的疾病对身体的伤害更严重。一般来说，身体上的疾病是可以治愈的，而心理上的疾病却难以医治，一旦陷入了某种心理上的疾病，就会直接影响人们的工作、生活和学习。所以，对每一个生活在激烈竞争中的人来说，学会呵护自己的心理健康，不让心理疾病侵扰你，这对于保障未来的事业生活都是极大的帮助。

许多人都有这样的问题，心理上的压力很大，却又得不到释放。这些压力主要来自生活社会，而且，随着社会竞争越来越激烈，这样的压力会越来越大，几乎到了令人崩溃的边缘。近年来，因为承受不了生存压力而选择自杀的人不在少数。因此，在现实生活中，我们不要忽视心理上的健康，只有保持身心健康才能扬起生活的风帆，走向人生的成功之路。

“老师承受的心理压力实在太大了！”这是现代老师喊出的肺腑之言。有一次考试结束后，章老师将一份全年级化学小测班级平均分的排名拿给与自己同场监考的王老师看。王老师所带班级的化学成绩一直不是很理想，这次小测，他所教班级平均分不仅又是最末，还比以前略有下降。第二场考试开始了，王老师叹着气与章老师走进考场。刚发完试卷，教室里突然传出一个男性的歌声。“谁啊？”安静的教室里顿时炸开了锅，章老师和同学们一起搜寻那个破坏考试秩序的人。然而，师生们惊奇地发现，唱歌的居然是王老师。

王老师的行为让大家觉得既奇怪又好笑，随后有同学大声叫“老师，别唱了”，章老师也把王老师拉到一边，劝他别唱了。可是，王老师似乎听不见任何人说话，依旧唱个不停。章老师急忙向校领导报告，并找来医生进行诊断。医生表示，王老师受了不良刺激，心理压力太大引发失控行为。而某同事也发生了类似的状况，“我教学能力这么强，人又长得漂亮，为什么领导不重用我？”在办公室里，老师们忙着备课批改作业，某女老师突然蹦出这么一句话，让同事们感到莫名其妙。有老师说，每次考试结束，校领导把全区其他学校的成绩领回来比较的时候，那个女老师都十分紧张，然后就吃不下饭了。有时候能看见她在操场上走着，都在说着胡话。

在以前，大家会认为教师是一个比较轻松的职业。但近年来，一些社会舆论认为学生学不好，责任在于老师，因而老师所承受的压力非常大。而且，随着近些年来进行大规模的课改，教材更新，一些老师尤其是年纪较大的老师已经感觉到“力不从心”，适应不过来，如果自身心理调适能力较弱，就会产生心理问题或者心理疾病。

由于现代人普遍工作节奏快、竞争激烈、心理压力大，抑郁、焦虑和强迫已成为人们的主要心理疾病。为此，专家呼吁，应加强对自身心理健康的关注和重视程度，建议人们每年做一次“心理体检”，把心理疾病危害程度降到最低。所以少年们，面对心理疾病，要舍弃听之任之的习惯，进行及时的疏导，进行心理上的调节，必要时可以向心理专家进行咨询，以此保持自己心理上的健康。

1.小心情绪会转换为心理疾病

据调查，现代人中产生心理问题和疾病的人群急剧增加，精神疾病的患病人数几乎超过了心血管病，跃居疾病患者的首位。社会各阶层的人士都有着心理上的困扰，如果不及时调节，久而久之就会形成一种心理疾病。

2.注重心理健康

都市白领会在紧张的工作状态下患上心理疾病，如焦虑不安、抑郁症、精神障碍等心理问题和疾病；离婚人士遭受了情感的挫折，也会或多或少地产生心理疾病；贫困家庭难以承受压力的超负荷，生活和工作的双重压力极有可能导致心理疾病；商界精英面对事业受挫，其心理因失败的打击长期处于一种失衡状态中，又不能自我调节，极有可能产生精神障碍、抑郁症、自闭症等心理疾病。

事实上，一些竞争比较激烈、所担负重大责任的行业里，也会出现一些被心理疾病所困扰的人士。因此，心理健康不容我们任何人忽视，心理上的健康与身体上的健康同样重要。

男儿有泪也轻弹

一直以来，人们都以为哭泣是女人和孩子的专利，而觉得男人理所应当有泪不轻弹。实际上，不管对于女人和孩子，还是对于男人而言，哭泣都是一种非常好的发泄方式。特别是在现代社会，每个人都承受着巨大的压力，内心焦灼不安，又因为生活和工作节奏的加快，生存变得越来越艰难。在这种情况下，适当发泄情绪是非常重要的。倾诉是一种很好的发泄方式，实际上，除了倾诉之外，我们每个人只要想哭，都可以哭泣。

当然，因为每个人的性格不同，有些人当着很多人的面也可以哭得梨花带雨，但是大多数人都碍于面子，很少在外人面前哭泣。其实，哭泣未必要有原因，无聊了可以哭泣，伤心了可以哭泣，甚至莫名其妙地也可以哭泣……总而言之，哭泣并不是一场灾难，反而大多数人在哭泣之后，都会感到发自内心的轻松惬意。然而即便如此，哭泣也似乎依然被认为是不那么光彩的事情。正如刘德华的一首歌中唱的那样，男人哭吧哭吧不是罪。我们要说，大家哭吧哭吧不是罪，想哭的时候就可以尽情地哭泣，不想哭的时候，当然可以开怀大笑。

在大多数人心目中，哭泣是软弱怯懦的表现。实际上，美国有位著名的心理学家曾经专门花了几年的时间研究哭泣，结果证实男人在一个月的时间里哭泣的次数不超过七次，但是女人则超过三十次。哭泣是一种进化的行为，和语言一样，是人类特有的行为和举动。所以，哭泣是每个人的专利和特权，我们一定要好好运用，才不辜负这样的独特权利。从另一种意义上来说，哭泣也是沟通感情的重要方式之一。哭泣能够降低别人对我们的警惕心理，也能建立人们彼此之间的联系。当我们看到他人当着我们的面不加掩饰地哭泣时，我们就会感受到他们最脆弱的感情，也会了解他们最真实自然的一面。这样一来，我们与他人的关系自然更加和谐融洽，也会变得更加美好。这对于我们的生活和工作都是有益的。

自从妻子去世之后，爱妻深切的林强一直都在强忍着悲痛。他带着三岁的儿子一起生活，每天都既当爹，又当妈，辛辛苦苦地抚育儿子长大。几个月之后，林强已经渐渐习惯了妻子不在的生活，应付儿子的时候也不手忙脚乱了。然而，在妻子的生日当天，他定了一束玫瑰，买了妻子最爱的冰淇淋蛋糕，去了妻子的墓地，惊天动地地哭了一场。是啊，作为一个年轻的单身爸爸，没有人知道他承受了多大的压力，也没有人知道他的内心多么痛苦。家里到处都是妻子的影子，他不管走到哪里，都能回忆起曾经和妻子一起度过的风风雨雨。对于林强来说，这一切悲痛都已经在他心里压抑太久了。

哭过一次之后，林强觉得自己心中轻松多了。眼泪似乎洗刷了他对于妻子的思念，也让他痛定思痛，更加想方设法恢复自己的精气神，养育好他与妻子爱情的结晶——儿子。

一个痛失爱妻的男人，惊天动地地哭一场，并不是软弱怯懦的表现，而是感情的一种发泄，他能够在哭过之后，以更加坚强的姿态面对生活。人生在世，每个人都有喜有悲，有快乐有担忧，所以必须摆正自身的位置，也打开自己的心扉。所谓人世间的万事万物，都是有其自身的规律的。我们即便再怎么希望改变它们，也不能违背自然规律。哭泣，就是命运赐予人的一项特殊权利。朋友们，好好运用哭泣的权利吧。高兴了可以哭，悲伤了可以哭，绝望了可以哭，为难了可以哭……总之，只要想哭，我们就可以自由自在地哭。

正如天空雨过天晴，哭泣之后，我们的心情也会绽放出美丽的彩虹。哭泣和欢笑一样，都是人正常的生理反应，无可指责。每个人都有欢笑的权利，也有哭泣的权利。当欢笑和哭泣一样成为我们人生的陪伴，我们的人生就会变得多姿多彩。

哭泣并不丢人，因为哭泣不是软弱怯懦的表现，而是人的正常权利。一个人哭过了，依然可以成为顶天立地的强者，傲然挺立于天地之间。雨过天晴的人生，必然有着更加晴朗的天空和欢快的情绪。

向朋友倾诉，释放愁闷情绪

有了烦恼、怒气，若不及时宣泄，必然会变成闷气，因此，当自己愤怒时，或者闷气郁积的过程中，我们需要及时地将那些不满的情绪宣泄出去。当然，宣泄情绪的方式有许多种，而向他人倾诉是其中一种行之有效的方式。一个人生活在这个世界，必然构建了一定的人际关系，有我们的家人，有我们的朋友，有我们的老师等，这些都可以成为我们的倾诉对象。倾诉内心的烦恼，倾听者也会为自己分担一些闷气的愁绪，甚至彻底溶解那些闷气的根源。可是，在现实生活中，许多人面对他人谈论自己的事情却是忌讳莫深，似乎戴上伪装的面具就是坚强，无论自己多少烦恼，多么生气，也不愿向他人袒露，宁愿自己一个人死撑着。直到有一天因为闷气而爆发，朋友才惊讶：“原来他心中藏着这么多不为人知的秘密。”

英国思想家培根说：“如果你把快乐告诉一个朋友，你将得到两个快乐。而如果你把忧愁向一个朋友倾吐，你将被分掉一半的忧愁。”分担是一件有趣的事情，可以让我们的快乐加倍，让我们的痛苦减半。当你发现自己被那些怒气缠绕，而且无力摆脱的时候，千万不要让它憋在心中，要学会宣泄情绪，学会向知己好友倾诉心中的烦恼，让自己摆脱闷气的缠绕。面对不良情绪，应该主动释放，理智宣泄，否则，后果将不堪设想。

快到凌晨了，李太太家里的电话铃声突然响了起来，李太太拿起电话：“喂，你是哪位？”电话里传来了一个妇女的声音：“我恨透了我的丈夫。”李太太感到莫名其妙：“我想，你打错电话了。”但是，对方似乎没有听见，依然继续说下去：“我一天到晚照顾两个孩子，他还以为我在偷懒，有时候我想出去见见朋友，他都不让，自己却天天晚上出去，跟我说有应酬，鬼才会相信呢。”李太太打断了对方的话：“对不起，我不认识你。”那位妇女生气地说：“你当然不会认识我了，这些话我怎么能对亲戚朋友讲，到时候肯定会搞得满城风雨，现在我说出来了，舒服多了，谢谢你。”随后，那位妇女就挂断了电话。

虽然这位妇女的做法显得十分荒唐，但是，我们却从中发现，一个被不良情绪所困扰的人，他们其实很想把心中的忧愁和苦闷做一番倾诉，哪怕对方只是一个陌生人。在电影《2046》里，梁朝伟饰演的周慕云甚至将自己内心的秘密对着一个树洞倾诉。不难发现，每个人都有一种倾诉的欲望。有时候，心中的烦闷可能是关于隐私之类的话题，那怎么办呢？事实上，我们应该明白，在任何时候，知己好友都是我们心灵的伴侣，在朋友面前，又有什么可丢脸的呢？当然我们需要向值得相信的朋友倾诉自己的烦恼。朋友可能不能无时无刻陪在身边，但只要我们需要他们的时候，当自己遇到了不顺心的事情都可以拨打电话给朋友，向他们道出内心的烦闷，甚至可以在朋友面前发怒、哭诉，尽情宣泄心中的不良情绪。

李芳才30岁，就独自经营了一家大型企业。在旁人看来，李芳已经获得了人生的成功。可是，又有谁能知道李芳心中的苦闷呢？在李芳的家里，是属于男主内女主外的模式，老公在家带孩子，自己在外奔波辛苦。刚开始的时候，老公心中总满怀愧疚，常常告诉李芳：“老婆，你一个人太辛苦了，都怪我没本事。”对此，老公对家里全身心地付出，包揽了家里所有的家务，不让李芳操心，这让李芳感到由衷的欣慰。可是，好景不长，时间久了之后，老公变得越来越懒，连家务都派遣给保姆，整日游手好闲。如果李芳说他一两句，老公就会反驳：“我一个大男人在家里多辛苦，出去放松放松，又怎样？”这时，李芳就住口不语，两人关系越来越恶劣。

每次回到家里，李芳都感到身心疲惫，满腔怒火，却找不到地方发泄。每到凌晨，老公还没回家，李芳就气得在家里砸东西，可是，发泄过后，老公回家了，李芳就像没事一样。这样，时间长了，李芳心中闷气越积越多，作为公司董事长，她又不好在员工面前发脾气，只能憋在心里。偶尔想到了朋友们，她又不好意思开口，即使碰到朋友主动问道："李芳，最近有什么烦心事吗？怎么看你脸色不太好？"李芳也总是推托两句："没事啊，一切都挺好的，可能是工作太累了吧。"可是，没过多久，朋友就闻讯了李芳自杀未遂的消息，听闻此消息，大家都大吃一惊，怎么会这样呢？

有人说："一个人如果有朋友圈子，就能长寿20年。"的确，向朋友倾诉内心的烦恼是排除不良情绪的有效办法。当自己有不良情绪出现时，有可能会越想越愤怒，越想越伤心，这时，若是约个朋友，将自己心中的郁闷之气尽情地倾诉一番，在朋友那里寻求支持和解答，就会获得一种心理上的平衡。俗话说："当局者迷，旁观者清。"或许，那些对于自己来说不能解决的问题，在朋友的劝解之下，便会迎刃而解，这样，你心中的闷气就会得到最大程度的宣泄。

对每一个深陷烦恼的人来说，朋友的倾听和理解是最好的安慰剂。向朋友倾诉，不仅使郁闷情绪得到消减，心灵得到沟通，而且，在倾诉的过程中还能增进友谊，分享快乐。为了不让自己生闷气，学会倾诉吧，向自己的知己好友倾诉，他们会为你分担一些闷气。

向他人倾诉，你的痛苦就减少一半

人们在生活和工作中总会遇到各种不顺心的事，从而产生各种不良情绪，譬如悲伤、愤怒、失落、郁闷。如果将这些不良情绪长期积压在心中，就会使自己的心灵压抑、变形甚至扭曲。若是这些情绪无法及时得到疏导或发泄，就会像火山爆发一样，对自己和周围的人造成不可估量的后果。所以，聪明的人学会了倾诉，通过语言这种最简单有效的方式将自己内心积聚的不良情绪及时地宣泄出去，从而释放压力，舒缓心情。

危地马拉有一种小鸟，名叫落沙婆，它们下蛋时要叫上七天七夜。但是，就在落沙婆彻夜不停地痛苦啼叫七天之后，它会生下一个有着坚硬蛋壳的鸟蛋，而从这个鸟蛋中所孵化出来的小落沙婆也会非常结实。可以说，雌性落沙婆是伟大的母亲，它宁愿承受七天的痛苦来换回孩子健康的明天，这是因为它爱自己的孩子。同时，落沙婆也爱它自己，不会强忍难产的痛苦，而是通过啼叫的方式，为自己找到一个发泄的出口。我们人类也是如此，在遭遇生活的不公、他人的误解、事业的低谷时，也应该学会利用倾诉，将自己心中的苦闷和忧伤统统排解干净，然后带着焕然一新的面貌与心情重新投入工作和生活中去。

小燕明显地发现这几天老公的情绪有些不大对头。他一直眉头紧锁，郁郁寡欢，和他说话也是答非所问、神不所属。可是无论小燕怎么问，老公都说自己没事，小燕明白，这是因为老公怕她担心，所以才不愿意向她倾诉，因为他总觉得自己是一个男人，而男人就要承担起一切生活的重担，不让女人操心。

这天，小燕半夜醒来，发现老公站在窗口，一个人默默地沉思，手中的烟头忽明忽暗。小燕爬起来，从背后抱住老公说："老公，你有什么心事就和我说说吧，或许说出来你就会感觉好一些了。"老公拍拍她的手背，勉强笑着说："别傻了，烦恼哪能说说就没了？说到天亮，该有的麻烦还是不会自己解决掉的。"小燕故作生气地说："你肯定是有什么不可告人的事情瞒着我，否则为什么推三阻四不肯和我说？你忘记结婚时和我说过的话吗？你答应过我，永远对我不欺骗、不隐瞒。"说着，小燕的眼泪就掉了下来。老公慌了神，赶紧抱住她说："我哪里是要瞒你，只是觉得就算让你知道也只是徒增烦恼，没有多大实际意义。"

于是，老公慢慢打开了话匣子，从当初的辞职和朋友合伙开公司，到现在公司已初具规模，但是朋友突然提出要撤资，自己最得力的助手也被对手公司挖了墙脚，一桩桩、一件件，细细讲来。小燕只是静静地听着，并不插一句嘴，一直讲到东方发白，老公才停了下来。

讲完了，老公看着小燕说："你看，和你说了也没用不是？"小燕握住老公的手，问："你现在感觉怎么样？"

"咦，"老公惊奇地说，"倒真是轻松多了。这是怎么回事呢？"

小燕笑了，她说："这是因为你把你的压力和苦闷分了一半给我，当然就会感到轻松了。"

"不仅如此，"老公兴奋地说，"在和你讲的过程中，我的脑子好像也渐渐清晰起来，不再沉溺于担忧与气愤之中了，而更多的是思考今后该怎么办。我决定去找我原来的公司合营，他们以前就找过我，但是碍于面子，我没有同意。如今，面子是次要的，让公司继续经营下去才是最重要的。"

曾经有人这样说过，当你将痛苦向他人倾诉时，你的痛苦就少了一半。尽管对方像小燕一样，什么也没为你做，但是当你将心中的苦水与忧伤统统倾诉出来时，你就为自己找到了一个宣泄的出口。人们通过倾诉，像倒垃圾一样将心中的不解、困惑、苦闷和愤怒等种种不良情绪尽情释放出去，并且不会对他人造成危害。

倾诉是一种有效的自我排解、自我保护的手段，是心灵减压、情绪放松的最佳方式之一。通过倾诉，你的心灵得到净化，你的心情得以舒缓，你的压力得以释放，从而能够以更加饱满的热情和全新的状态投入明天的事业与生活中！

第七章

不生气是一种智慧，也是一种心灵的修养

年轻人，生活不值得生气

德国哲学家康德说：“发怒，是用别人的错误来惩罚自己。”在现实生活中，喜欢生气的人不在少数，可是，当有人问“你为什么生气”时，他们却支支吾吾，答不上来，似乎我们已经忘记了自己生气的初衷是什么，气是怎样一点点充起来的，他们也不知道。有人对此做过一项调查，那些经常生气的人，他们从来不重视生气的理由，如果详细地询问他，他会给出一些不是理由的理由，诸如“我就是看他不顺眼”“凭什么他就表现得那么嚣张，我气不过”等。在理由的阐述过程中，他们提到最多的都是“他”，其实自己的利益根本没有受到任何的损失，生气只是因为“他”的错误。这时候，你才会发现，自己生气真的是用别人的错误来惩罚自己。那么，何必要用他人的错误，在自己心中点一把火呢？

生气是对自己的惩罚，有人对此不理解，生气所发泄的对象都是别人，怎么自己还成为惩罚对象呢？其实，不然，你若理解生气对一个人健康的危害性，你就明白了什么叫作惩罚了。美国心理学家埃尔马进行了一个简单的实验：把一支玻璃管插在盛有水的容器里，然后让实验者把气吐到水里，以此收集人们在不同情绪状态下的“气”。通过实验结果发现：一个心平气和的人吐出来的气进入水中，水澄清透明，一点杂色都没有；一个有点生气的人吐出的气进入水中后，水会变成乳白色，而且水底还有沉淀；一个怒发冲冠的人吐出的气进入水中，水会变成紫色，水底有沉淀。心理学家埃尔马将那紫色的“气”水抽出部分注射在小白鼠身上，没想到只过了几分钟，小白鼠就死了。对此，他得出了这样一个结论：一个人在生气时，体内会分泌出许多带有毒素的物质。这样，想来大家明白生气是拿别人的错误来惩罚自己了吧。

有一天，佛陀在竹林休息的时候，突然，有一个婆罗门闯了进来，由于同族的人都出家到佛陀这边来，这位婆罗门对此感到很生气。见到了佛陀，婆罗门就开始胡乱责骂，佛陀并没有说话，等到他将心中怒气发泄完以后，安静了下来，佛陀才说：“婆罗门啊，在你家偶尔也会有访客吧！”婆罗门感到很奇怪：“当然有，你何必这样问？”佛陀笑了，说道：“婆罗门啊，那个时候，你也会偶尔款待客人吧。”婆罗门点点头：“那是当然了。”佛陀继续说道：“婆罗门啊，假如那个时候，访客不接受你的款待，那么，这些菜肴应该归于谁呢？”婆罗门想也不想，就回答说：“要是他不吃的话，那些菜肴只好再归于我！”

佛陀看着他，又说道：“婆罗门啊，你今天在我的面前说了这么多坏话，但是，我并不接受它，所以，你的无理胡骂是归于你的！婆罗门，如果我被谩骂，而再以恶语相向的时候，就犹如主客一起用餐一样，因此，我不接受这个菜肴。”然后，佛陀说了这样几句话，“对愤怒的人，以愤怒还之，是一件不应该的事情。对愤怒的人，若是不以愤怒还之的人，将可以得到两个胜利：知道他人的愤怒，而以镇静自己的人，不但能胜于自己，也能胜于他人。”婆罗门接受了这番教诲，并出家佛陀门下，后来，他成为了阿罗汉。

佛陀告诉我们：“在不顺利的境况下，能够做到不生气，不发怒，这本身就是一种生活智慧。”最近，在朋友群中流行着这样一句短信：我生什么气！我生气是拿你的错误来惩罚我自己。与其耗费多余的精力去生气，不如好好打理自己的心情。央视主持人朱军曾说：“得意时淡然，失意时坦然。”境由心造，我们所面对的是一个多变的世界，可能，我们改变不了环境，但是，我们却可以改变自己；可能，我们改变不了事实，但是，我们可以改变态度。正所谓“大肚能容天下难容之事，笑天下可笑之人”，如果你知晓了这个道理，那还有什么气可生呢？

当自己生气的时候，不妨冷静下细想，自己的生气是不是在大多数是为他人呢？有时候，令自己生气的人已经走远了，还在为他生气，这值得吗？那些令自己生气的事情已经过去很久了，还在为它生气，这又是何必呢？在更多的时候，我们都是拿别人的错误来惩罚自己，而在惩罚自己的同时，也达不到纠正别人错误的目的。所以，与其拿别人的错误来惩罚自己，倒不如让自己良好的美德来揭示对方的缺陷。

生气是一种态度，是一种选择

生气是人们日常生活中最常见的负面情绪之一。有些人心思细腻，容易把事情看得太细、太认真，一旦有些事情违背了自己的准则或信念，就会陷入生气这种不良情绪中。当代年轻人大多具有良好的教育背景和独立的思想，他们都有自己的信念系统和价值系统，他们会划分怎么样才是对的，别人应该怎么样才是对的，我应该怎么样才是对的等，一旦别人或自己的一些行为违背了这些标准，他们就会不高兴和生气。

英国历史上有一位有名的剑手叫欧玛尔，他在练习剑术的同时也在一直在修炼自己的心态，让自己不带一点儿怒气作战，所以一直保持常胜不败。

他曾与一个与他势均力敌的对手比武，但三十年一直未分高下。一次决斗中，对手忽然露出一个致命的破绽，欧玛尔趁势持剑跳到他身边，一秒钟就可以将敌手杀死。但是敌手突然朝他脸上吐了一口唾沫。欧玛尔顿时停手了，说：“你起来吧，我们明天再打。”那个敌手死里逃生，却也怔住了，不明白欧玛尔为什么要这样做。

欧玛尔说：“刚才你朝吐我唾沫的瞬间我动了怒气，这时杀死你， 我就再也找不到胜利的感觉了。所以我希望调整心态之后我们明天重新开始。”他的敌手听了欧玛尔的一番话顿时肃然起敬，同时为自己的行为感到羞愧，因此放弃了和欧玛尔的较量并拜他为师。最后他的剑术也修炼得出神入化，纯正平和的心态使他成了一名一流的剑手。

这个故事能给年轻人这样的启示，当一个人怒气冲天的时候，暴躁的发泄或疯狂会使他丧失理智，从而抑制住他的智慧与能力，事情的结果必将向不利于他的方向发展。只有以纯正祥和的心态做事时，才能使自己的智慧充分发挥，达到最佳的效果。由此可见，气急败坏只不过是无能的表现，如果能通过修炼彻底消除心中的怒气，那才是真正的了不起!

生气不仅让人失去冷静、无法理智思考，还会影响健康与容貌。经常生气、发火、多怒的人，大多表情阴沉，颜面灰暗无光泽。因为总爱生气，会使人的面部皮肤紧缩，容易出皱纹，未老先衰。生气易致怒，面部皮肤在连续不断的“怒火刺激”下会色泽变暗，失去弹性而加速松弛，出现皱纹，使细胞角化加快而衰老。同时也会使身体内分泌功能失调，生理状态及新陈代谢发生异常，疾病会随之而来。性格不稳定的人，面容大多比实际年龄要老得多。云想衣裳花想容，要想留住自己美丽的容颜，保持平和的心态、不轻易动怒无疑也是一条良方。

要想正确处理生气这种情绪，首先应该先找到生气的根源。一般来说，生气有轻易之分，难易之分。一个人是否容易生气，要看他宽容的标准。也就是你胸怀的大小决定你生气事情的大小。有的人动不动就生气，是因为他的信念系统和价值系统认同的范围太窄，所以别人或他自己的一些行为很容易触犯他的准则，使他不高兴。其实别人可能根本就没有

做错什么。当然别人做没做错也正是根据他的信念系统来评估的， 所以别人的对错也没有客观标准，完全在于接受方的评价。

另外，不容易生气的人除了拥有比较宽容的信念系统以外，还有一条直接避免生气的信念，那就是同理心，即将心比心。虽然他不赞同别人的意见或行为，但他能理解。如果能做到这一点，生气的次数大概要减少80%。还有一条最厉害的信念，可以将生气压到最低限度，那就是当别人的行为你不能赞同，也不能表示理解，可以说你认定他完全错误时，这时候你要告诫自己：生气就是拿别人的错误来惩罚自己。有了这一条，你想生气都难了。

一对小姐妹乍看起来与其他人并无不同。不过姐姐看起来虽然文文静静，脾气却异常火爆。比如一起买东西时，姐姐经常教育妹妹，“你是笨蛋吗？这块肉看色泽就已经不新鲜了”；或者“你是白痴呀，这个牌子的薯片明明在打特价，还要拿那个”；更狠的还有“你这只猪，金额超过了，你不会算吗！”而挨骂的妹妹居然一声不吭，任由姐姐骂去，依然气定神闲地挑选商品，丝毫不受影响。

有一天妹妹一个来到店里，店员按捺不住自己的好奇心，便和妹妹聊起天来。

“今天怎么一个人来？”店员问。

“姐姐去参加合唱团了。”妹妹一边挑商品一边回答。

“我觉得你姐姐好凶啊！”店员试探性地表示。

“还好啦，她就是这样的脾气！不理她就是了。”妹妹在卖场逛着，神情相当愉快。

“可是她每天骂你，你不生气吗？”店员好奇地问。

“爱生气的人是她又不是我，而且被骂一下又不会痛。”妹妹微笑着对店员说。

我们只能用小女孩大智慧来形容这个可爱的妹妹了。小小年纪就有如此平和豁达的心态。所以还是那句行话：生气是一种态度，是一种选择，全在你愿不愿意，不关别人的事。少年们，千万别说是谁惹了你，是谁令你生气，生气完全是你自己要的，自己选的。

柔软谦和，赢得好人缘

常言道，忍字头上一把刀，因此很多人都不愿意忍耐，更不愿意为了迁就别人而委屈了自己。正是在这样的心态影响下，很多人都针锋相对，谁也不愿意退后一步，谁也不愿意为了让别人而使自己委屈分毫。尤其是那些在成长过程中习惯了以自我为中心的人，他们更是会情不自禁地从自己的立场出发思考问题，而根本没有想到别人换了一个立场也许就会有截然不同的选择和方向。

现代社会，人人都知道人际关系至关重要，也都想拥有好人缘，让自己人脉资源丰富，却很少有人知道如何才能与他人相处好。人与人之间相处，最重要的是彼此信任，如果我们不能与他人相互信任，也无法做到与他人友好地相处，渐渐地就会感受到孤独。其实，人与人之间的关系就像是刺猬与刺猬之间的关系一样，远了不行，近了也不行。在寒冷的季节里，刺猬们依偎在一起取暖，若不小心离得近了，马上就会被其他刺猬扎伤，感受到疼痛，因此它们会远远地分开。而分开一段时间之后，它们又感到非常寒冷，因此再次依偎到一起。如此反复尝试的次数多了，刺猬们就找到了一个门道，即彼此之间既不能离得太近，也不能分得太远。离得太近是彼此伤害，分得太远又会感到非常寒冷。最终，它们维持在一个适度的范围，既可以彼此依偎着取暖，又不至于被其他刺猬身上的刺扎伤。这样一来，刺猬们当然可以更加友好地相处。

人与人之间相处也是如此。每个人都是这个世界上独立的生命个体，每个人都棱角分明，有自己的脾气秉性。一味地沉浸在自己的世界里，会导致与外部世界隔离，唯有更好地融入周围的世界，我们才能把自己的力量与他人的力量结合起来，才能让自己全力以赴做到最好。

很多人都是情绪的奴隶，被情绪奴役着作出很多人生的选择。其实，心理学家经过研究发现，大多数人在成长的道路上总是一味地向前，无所畏惧地前行，因此他们难免会感到内心惶恐。真正的人生强者，未必有着天下第一的强大力量，但是他们一定能够战胜自己。很多细心的朋友会发现，人在非常生气、大发雷霆之后，往往会感到后悔。这是因为他们意识到自己在情绪冲动状态下的爆发，不但伤害了自己，也伤害了别人。

人生从来不是顺遂如意的，很多人都会遭遇不如意，也会承受伤害。在这种情况下，要牢记进一步万丈危崖，退一步海阔天空的道理，这样才能在紧急时刻控制好自己的情绪，让自己的内心更加笃定从容、临危不惧。

忍，绝不像大多数人所想的那样是委屈和窝囊的代名词，而是一种博大的胸怀，是一种长远的眼光，也是一种对于人生的深刻领悟。在人际关系中，在生活和工作中的关键时刻，忍还是一种智慧，可以成就自己和他人。记住，生命从来没有回头路可以走，很多事情一旦做完，就没有回旋和选择的余地。所以不要把忍当成胆怯时的糟糕表现，而要在必要的时候表现出宽容和忍耐，也在合适的时机以忍耐成全自己。忍得一时之气，可以风平浪静，如果突然爆发，不能忍耐，也许就会导致人生陷入各种被动的状态，无法自拔。

现实生活中，还有很多时候需要的不是忍耐，而是要我们在与他人相处的过程中柔软谦和。很多人总是锋芒毕露，对于任何事情都坚持自己的看法，固执己见，坚决不愿意接受别人的观点。所谓百家争鸣，就是说对于每件事情每个人都可以有自己的想法与看法，所以，我们又何必强求大家都和我们一致呢？明智的朋友知道有差异才有美，有争执才能不断地进步，彼此交流和学习，为此他们会怀着积极的态度去争辩，目的是求大同存小异。而有些人则会怀着消极的态度，恨不得立即与那些意见不同的人吵起来，甚至是打起来，目的就是逼着他们同意自己的观念。不得不说，后者的想法和行为都是非常糟糕的。

忍，让我们在这个喧嚣的世界里更加静下心来看待自己，让我们在人生迷惘的时刻可以拨开云雾见到阳光，让我们在面对人生无奈的时候能打开心扉，接纳这个世界，也悦纳自己。总而言之，忍字头上一把刀，忍耐对于每个人而言始终都是无奈的，也是无法逃避的。既然如此，我们就要学会忍耐，把被动忍耐变成主动忍耐，并在忍耐的过程中磨炼自己的心性和意志力，从而让自己更加顺利地成长，无所畏惧地面对一切。

别试图让所有人都喜欢你

我们不难发现，那些真正的成功者多半都是特立独行的，他们从不奢求让所有人喜欢他们，在他们追求成功的道路上，他们也听到了一些他人的闲言碎语，但他们始终坚持做自己，坚持自己的信念，最终，他们成功了。因此，生活中的我们也要明白一个道理：让所有人都喜欢我们是很不成熟的想法，不必委曲求全，做好自己，你才能获得快乐。

把事情做好的方法有很多，但首要的一条就是“不要试图把所有的事情都做好”；处理人际关系的准则也有很多，但最重要的一条是“不要试图让所有人都喜欢你”。因为这不可能，也没必要。

美国前任国务卿鲍威尔这样总结自己的为人处世之道，与两千年前的孔子有异曲同工之妙：“你不可能同时得到所有人的喜欢。”

有人问孔子：“听说某人住在某地，他的邻里乡亲全都很喜欢他，你觉得这个人怎么样？”

孔子答道：“这样固然很难得，但是在我看来，如果能让所有有德操的人都喜欢他，让所有道德低下的人都讨厌他，那才是真正的君子呢。”

世界上确实有不少人，你越是努力和他结交，努力给他帮忙，他越是不把你放在眼里。反之，如果你做出成绩了，又不狂妄自大，自然能赢得他人的敬重。

然而即使你做得再完美无缺，也没有招惹任何人，仍然会有人看不惯你，仍然会有不利于你的传言。对某些心胸比较狭隘的人来说，你不需要招惹他，你在某方面比他优秀，这就已经招惹他了。

要想打破他人的成见，我们最应该做的是做好自己，用实力给他们致命的一击。当然，如果一些偏见总是存在，你也不必烦恼，因为任何一件事都存在正反两方面的影响，就比如桌子上摆了半杯水，你不要只看到杯子有一半是空的，而应该看到它还有半杯水呢。别人批评你，有则改之，无则加勉，实在无须为此影响心境，如果有人对你提出不满，发现了你的缺

点，你应该虚心接受，然后改正；而如果是误会一场，可以找个合适的机会对其解释，实在无法解释，不妨敬而远之，不去理会。

人活于世，就难免会被人评论，其中当然也有一些是语言上的伤害，而其实，如果我们能迷糊一点，视而不见，那么，对方必定会因为我们的心胸宽广而心生惭愧，进而感念我们的宽容和大度，被我们的胸怀所折服。

人生只要不存在原则上的对立，就没必要引发战争，没必要引起硝烟，没必要对抗，更没必要老死不相往来。人生需要更多的智慧，人生也必须有智慧、有能力解决问题。不以消灭对方或简单暴力结束彼此的关系，可以给自己和冲突方最大的回旋余地，何乐而不为？例如，对待一个长舌妇，以牙还牙就失去了身份。一笑而过、沉默不语也未必不是一种很好的还击方法，必将使之气滞羞愧。

反过来一想，无论你怎么做人做事，总是有人欣赏你，让所有人喜欢是件不可能的事，想让所有人讨厌也不那么容易。你绝对不能因此而生气，更不能大动肝火，如果真这样，那么，你只能越描越黑，让他人产生很多无端的猜忌，另外，你也会因为这些空穴来风的话而大伤脑筋，其实，如果你能懂得放下的智慧，凡事不做过多的解释，那么，这便是最好的证据和回击的武器。

保持理智，才能真正解决问题

坏脾气的坏处不胜枚举，其中，使好事变坏事无疑是最使人沮丧的一条。假如没有控制好坏脾气，原本的好事就真的会朝着坏事的方向发展，甚至使事情达到无可挽回的地步。如此一来，可想而知当事人会多么懊丧。

在生活中，因为坏脾气而把好事变成坏事的例子很多。因为坏脾气不可控制地突然发作，很多事情都遭遇了误解，甚至是接连误解。洞察世事的人都知道，很多悲剧都是因为接二连三的误解造成的。假如我们能够按捺住自己的急脾气，遇到事情先不着急发作，而是耐心地了解事情的真相，找出最好的解决方案，那么事情就不至于朝着无法挽回的方向发展。

艾米是一家公司的销售主管，最近，她听说公司高层正在考核相关的中层领导，想从中挑选一位成为公司的副总。对此，艾米心中颇有几分得意，她觉得这个职位非自己莫属。当然，她也是有对手的，那就是和她一起进入公司的行政主管李云。论资历，她们俩都是老资历了。论成就，艾米把销售部搞得热热闹闹，而李云呢，也是公司不可或缺的重要人物。这么说吧，没有艾米，公司的销售业绩就会大打折扣，而没有李云，公司的大事小情短期内就会陷入瘫痪状态。即便如此，艾米始终认为利润是一个公司生存的基础，所以她坚持认为自己的地位比李云更重要。

最近，李云也得到了公司要从中层选拔高层的消息，所

以她也处处谨小慎微，生怕在关键时刻有什么差错。公司里的同事们都议论纷纷，说副总不是艾米就是李云。眼看着公司高层的考核期马上就要结束了，突然有一天，艾米得到内部消息，说高层已经决定提升李云为副总。得到这个消息后，做事向来雷厉风行的艾米按捺不住了。她在第一时间就给老总打了电话，不但历数自己曾经创下的辉煌业绩，而且还质问老总自己哪里不如李云，为什么公司要提拔李云当副总。总之，艾米颇有点儿得理不饶人的架势。接到电话后，老总笑了笑，让艾米少安毋躁。艾米不知道的是，这也是高层的考核内容之一。在艾米得到消息说公司决定升任李云为副总的同时，李云也得到了消息说公司要提升艾米为副总。不过，李云可比艾米沉稳多了，她既没有给老总打电话，也没有闹情绪，而是像以往一样兢兢业业地工作。在这一轮考核中，李云无疑胜出了。最终，经过公司董事会的详细讨论，决定提升沉稳干练的李云为公司副总，而一致认为雷厉风行的艾米还是主管销售工作更合适。

艾米哪里输给了李云？无疑就是脾气。在形势复杂的商场，急脾气无疑也是坏脾气的一种，更何况艾米还怒气冲冲地质问了老总。假如艾米不打这一通电话，也许高层还无法这么快地就决定取李云而舍艾米。面对这样的结局，艾米如何能够知道自己输在一个电话上呢？公司的管理工作是很复杂的，不仅需要睿智的思维，还需要沉稳的作风。显然，李云更符合作为公司副总的要求。

只有理智冷静地处理事情，事情才会朝着好的方向发展。不管什么时候，坏脾气都无法真正地解决问题。

别为逞一时之快伤了和气

在我们生活、工作中，总是有一些修养良好的人，他们对世间万事万物都能泰然处之，即使“兵临城下”，也不会愤怒，这并不是因为他们没有愤怒的情绪，而是因为他们更能权衡不良情绪给自己和他人带来的不利影响，因此，他们通常会在最短的时间内找到怒火之源，并将其彻底消灭，而这样的人也能得到他人的认可，因为他不会让自己的负面情绪伤害到身边的人。同时，他也就成就了自己美好的修养和品质。

马克·吐温说：“世界上最奇怪的事情是，小小的烦恼，只要一开头，就会渐渐地变成比原来厉害无数倍的烦恼。”而对于智者来说，在烦恼面前，他们不会愤怒，因为他们深知，愤怒是十分愚蠢的行为，只会让自己陷入糟糕的情绪循环之中。

愤怒是一种大众化的情绪——无论男女老少，愤怒这种不良情绪都在毒害着他们的生活。因此，不管在家里，还是在工作中，甚至在与你亲密的人相处的过程中，都需要进行愤怒情绪的调节，浇灭愤怒的火焰。任何人都应把控制自己的情绪、抑制自己的愤怒作为修炼自己良好性格的重要方法。当你遇到了不快的事情即将发火时，请告诉自己：如果我原谅他了，我的品格又提升了一步。自然就压制住了要发火的倾向。

我们工作与生活的世界本身就是个有条不紊、有规律运行的有机体，只要正常运转，一切都会秩序井然、按部就班。就像一台计算机、一架飞机、一台机器，如果操作正常，控制良好，就能发挥它们的正常作用。人的情绪也如同一架机器一样，一旦失控，就不能正常运转，最终导致人们陷入失败的沼泽。

聪明人深知，即使生气也挽回不了什么，只会徒增许多怨气， 于是，他们选择了不生气；愚蠢的人，他们总是看到事情的表面，凡事喜欢生气，总认为生气是自己的专利，殊不知，时间久了，生气成为自己的本性。你是愿意做一个聪明人，还是做愚蠢的人呢?

英国著名作家培根曾经这样说过：“愤怒，就像是地雷，碰到任何东西都一同毁灭。”如果你不注意培养自己忍耐、心平气和的性情，一旦遇到导火线就暴跳如雷，情绪失控，就会把你的人缘全都炸毁。

在生活中，那些生气所带来的恶劣情绪会挑拨起内心的冲动，冲动将会令我们更加生气。这样一来，情绪就会形成一种恶性循环，从此一发不可收拾。若是远离了生气，抑制了内心的愤怒情绪， 我们就会达到开心的彼岸。

总之，生气的情绪犹如一颗定时炸弹，将严重影响我们的正常生活，使生活失去了原本平和的美丽。所以，我们需要告诉自己“发火前长吁三口气”，事实上，很多事情都没有想象的那么严重。如果不学着控制自己的情绪，任着性子大发脾气，不仅解决不了问题，还会伤了和气。

第八章

开阔心灵世界，前方的路才宽广

包容他人，就是给自己机会

我们都知道，身处社会，我们难免要与人打交道，也难免会产生摩擦、误会、睚眦，此时，如果我们多体谅、包容他人，那么，彼此都能相视一笑，而如果我们“得饶人处不饶人”，那么，只能加大彼此间的矛盾，甚至产生仇恨。

有人说，人生原本艰难，又何必为难彼此！的确，宽容是人类的美德，更是一种宝贵的品质，人类社会的任何组织，小至家庭，大至社会、国家，要和谐共存，都离不开宽容的意识。

古人云：冤冤相报何时了，得饶人处且饶人。这就是一种宽容， 一种心胸宽大的表现。自古以来，宽容就被人们奉为一条至高的做人原则，也是中华民族传统美德推崇的一部分。生活中的每一个人，你也要时刻记住宽容为不可或缺的美德，即使与自己的对手较量，也一定要心胸宽阔，容人之不能忍，才能成就非凡的品质。有时候，包容他人，给别人一次机会，也就是给自己机会。

一次，楚王邀请群臣来喝酒，席间，为了助兴，楚王叫来了自己最宠爱的两位美人许姬和麦姬轮流向各位敬酒。

因为是在室外举办的宴会，所以，当一阵狂风吹来时，

在场的所有灯笼和蜡烛都被吹灭了。此时，一个好色的官员趁机摸了许姬的玉手。许姬当然本能地甩了一下手，谁知道，这下子，她一不小心扯掉了这位官员的帽带。她匆匆回到座位上并在楚王耳边悄声说：“刚才有人趁机调戏我，我扯断了他的帽带，你赶快叫人点起蜡烛来，看谁没有帽带，就知道是谁了。”

楚王听了，并没有照做，而是立即令人先不要点蜡烛，并对在场的所有人说：“今天晚上，我一定要与各位一醉方休。来，大家都把帽子脱了痛快饮一场。”

有了楚王的命令，大家都脱了帽子，自然也就看不出是谁的帽带断了。后来楚王攻打郑国，有一健将独自率领几百人，为三军开路，过关斩将，直通郑国的首都，而此人就是当年揩许姬油的那一位。他因楚王施恩于他，而发誓毕生孝忠于楚王。

“人非圣贤，孰能无过。”很多时候，我们放他人一马，就是给自己创造机会。很多时候，我们都需要宽容，宽容不仅是给别人机会，更是为自己创造机会。

的确，在我们与朋友交往的过程中，难免会遇上令人难以忍受的事情，也难免会产生一些摩擦，此时，如果我们凡事好争斗，非得争个是非对错，甚至得理不饶人，长此以往，你的朋友必将远离你。我们不得不承认，很多朋友之间的友情就是由于无法互相谅解和宽容而土崩瓦解，让人为之叹息！而当我们以宽容的心来对待时，我们的朋友就会被我们高贵的品质、崇高的境界以及人格力量所折服，彼此的友谊就会更加牢固、长久。

不仅与朋友相处需要一颗谅解的心，即便与你的对手较量，也不必要把事做绝。俗话说：“兔子急了也咬人。”你把别人逼得没有丝毫退路，对方除了奋力反击之外还能有什么选择？可见，对于我们的竞争对手或敌人，倘若我们能为对方留一条退路，那么，对方必定能感受到你们的宽容，无疑，这是我们种下的善果，他日，对方必定也会为我们留一条后路。不过，宽容我们的对手说起来简单，可做起来并不容易。因为任何宽容都是要付出代价的，甚至是痛苦的代价。

为了培养和锻炼良好的心理素质，生活中的人们，你要勇于接受宽容的考验，即使感情无法控制时，也要管住自己的大脑，忍一忍，就能抵御急躁和鲁莽，控制冲动的行为。对此，你需要做到以下几个方面。

1.设身处地地从对方角度考虑问题，做到求同存异

宽容是一种意见的保留，就是不勉强他人。从心理学角度，每个人的任何一种想法的产生，都是有理由的。如果你的想法与他人不同，那么，你应该多了解对方的这种想法的产生的根源，这样，你就能够设身处地地从对方的角度考虑问题了。

2.用爱心包容别人

“包容”，归根结底，来源于爱和理解。只有心中有爱，我们才能以同情的态度对待他人，才会充分尊重他人的立场和

见解。只有爱才能消除彼此的敌视、猜忌、误解；而爱的荒芜和消亡，将使最亲密的人彼此伤害、仇视以至兵戈相向。

3.学会求同存异

当你与他人产生一些分歧时，不要显示你的嘴上功夫，将对方说得一无是处，甚至将对方贬低，否则，只会恶化你们间的关系。任何人都有自己的人生观、价值观等，对同一件事，自然也会有不同的看法，俗话说：“对事不对人。”有意见可以保留，但不能贬低他人。

总之，宽容是一种财富。拥有宽容，是拥有一颗善良、真诚的心。这是易于拥有的一笔财富，它在时间推移中升值，它会把精神转化为物质，它是一盏绿灯，帮助我们在工作中通行，选择了宽容，便赢得了财富。

内心博大，终会收获更多

作为美国的第一任副总统，第二任总统，亚当斯自幼就有超常的智慧，因而被人们称之为“神童”。亚当斯在学习方面总是出类拔萃，20 岁就在哈佛大学获得法学硕士学位，毕业后，他顺利地成为一名律师，也在法律工作方面有出色的表现。当美国开展独立运动的时候，亚当斯也承担了重要的角色，为独立运动立下了很大的功劳。为此，人们将他与杰斐逊、华盛顿并称，赞美他们是美国独立运动中不可或缺的“三杰”。亚当斯在担任副总统之后，成功当选总统，赢得了美国民众的支持和拥护，这不仅是因为他出色的才华，也是因为他有宽容的气度。

亚当斯才刚刚上任美国总统，就面临着美国与法国关系剑拔弩张的困境，为了选出一个统帅带领美国军队战胜法国，亚当斯否定了人们让他担任统帅的提议，而是请出了华盛顿。对于亚当斯的这个决定，他身边的人全都表示否定和反对，因为他们害怕华盛顿再次担当重任，威胁到亚当斯总统在美国民众心目中的地位和在美国政界的职位。

然而，亚当斯放下了个人的利益，而把国家的利益看得高于一切。他义无反顾地写信给华盛顿，还在信中赞誉华盛顿的名字所拥有的力量，远远超过一支军队。对于亚当斯真诚的赞美，华盛顿感动不已，当即表示必当全力以赴。幸好，后来美国与法国达成和解才让这场战争消散于无形。而亚当斯的宽容大度，把国家利益看得高于一切的觉悟，则得到了美国民众的口耳相传，争相传颂。

后来，有一位记者采访亚当斯，问道：“作为现任美国总统，您当时真诚邀请前任总统华盛顿担负起统帅的重任，您是否担心前总统华盛顿的出现会威胁到您的政治地位呢？”对此，亚当斯淡然地说：“尺有所短，寸有所长，我虽然是现任美国总统，但是不代表我能带着美国的军队战胜法国军队。但是华盛顿总统显然具有这样的能力，所以我只能让最合适的人去做最合适的工作。”

在这个事例中，面对国家的安危，亚当斯没有把个人的地位和政治前途作为首要考虑，而是当即想到应该把战争时期最重要的统帅职务交给华盛顿。这样宽容博大的胸怀，当然能够征服美国民众。常言道，将军额头能跑马，宰相肚里能撑船。一个人要想获得成功，小肚鸡肠是不可取的，只有拥有博大宽容的胸怀，也真正勇敢地面对人世间很多不如意的事情，才能真正做到海纳百川，有容乃大。

孩子虽然还小，却依然可以拥有博大的胸怀，唯有养成宽容的好习惯，孩子们才能在人生的道路上有更好的发展。否则，如果孩子们在与人相处的过程中总是小肚鸡肠，在面对人生困境的时候又总是耿耿于怀，甚至对于自己都不能做到悦纳，那么孩子们又要如何面对不如意的人生呢？一个人唯有懂得宽容自己，悦纳自己，才能以更友善的态度对待和接纳这个世界。此外，从人际相处的角度来说，每个人还要学会谅解他人。常言道，金无足赤，人无完人，这个世界上没有任何人是绝对完美的，也没有任何人是无可挑剔的。每个人都是独特的生命个体，都有自己的思想、观念和见解，也有自己的脾气秉性。所以在与人相处的过程中，我们要学会理解和谅解他人，所谓江山易改，秉性难移，对于他人独特的脾气秉性，我们也要足够包容和理解。

为了陶冶情操，拥有良好的情绪和博大的胸怀，孩子们还应该多多亲近大自然，在大自然的熏陶中感受鸟语花香，也拥有一颗敏感细腻、宽容友善的心。很多细心的孩子们会发现，当心情不好的时候，当内心焦虑不安的时候，如果能够走入大自然之中欣赏绿叶红花，也感受生命的律动，那么就会拥有好心情，也会让内心变得更加柔软和宽容。

总而言之，人不是一天就长大的，孩子也并非生而就能够做到宽容。宽容是后天养成的良好品质，一个人唯有内心博大，才能收获更多，才能获得充实的人生。

宽容别人，也是放过自己

雨果曾经说："世界上最宽阔的是海洋，比海洋宽阔的是天空，比天空更宽阔的是人的胸怀。"是的，心大天地大，人的胸怀能包容万物，心怀宽广的人不会因小事而斤斤计较，心怀宽广的人会活得自在洒脱。要想生活精彩和谐，心情愉悦欢快，人们就要放宽思路，用宽视野看身边的一切人和事，落实到行动上也就是包容。

有这样一个小故事，相信很值得大家深思。古时候，在一座山的半山腰上住着一位农夫，家里没水，但是山下有一股清泉，需要出门去打水。他家有两个水罐，常年都用这两个水罐解决喝水难题。可是这两个水罐有一个是有一条裂缝的，容易漏水，行走于山路间，本来就容易洒去一部分，结果这个罐子还有个缝，所以说走到家的时候罐子的水就剩下一半了。因此，那个可怜的有裂缝的水罐总为自己的天生缺陷而感到惭愧。农夫知道后，就对它说：“不要难过，在我们回家的路边开满了美丽的鲜花，难道你没有注意到这些花只长在你这边，并没有长在另一个水罐那边吗？这是因为我知道你有裂缝，就在你这边撒下了花种。每天我们从小溪边回来的时候，从你的裂缝中渗出来的水就浇灌了这些花。这山上的小路很多，却没有哪一条像我们走的这条一样，有一边开满鲜花。”听到这些，这个自卑的小水罐就高兴极了，农夫的宽容让它感到非常欣慰。

这位农夫“宽容的爱”让我们很有感触。他想用自己的“偏心”帮助有裂缝的小水罐丢掉自卑，树立自信、自尊，从而使生活充满阳光和快乐。除此之外，他的这颗宽容之心也给自己带来了良好的心态，那就是积极乐观。

有时候可能很好的朋友在成为竞争对手的那一刻就会成为不断远去的陌生人。

杰斐逊在就任前夕来到白宫，此次他主要是想来表达一下自己内心的想法，希望如此激烈的竞选不会破坏彼此之间的情感。但据说杰斐逊还来不及开口，亚当斯便咆哮起来：“是你把我赶走的！是你把我赶走的！”自此之后，他们二人在多年的时间里互不来往，直到后来杰斐逊的几个邻居去探访亚当斯，这个坚强的老人仍在诉说那件难堪的事，但接着脱口而出：“我一直都喜欢杰斐逊，现在仍然喜欢他。”于是他的这句话就被邻居转达给了杰斐逊，杰斐逊紧接着告知了一个双方都认识的好朋友为他传话，告诉对方其实他一直在心里记挂着这份深厚的友谊的。后来，亚当斯回了一封信给他，两人从此开始了美国历史上最伟大的书信往来。

朋友之间难免出现误会和嫌隙，与其斤斤计较，不如学会用宽容化解这一切矛盾。与人相处，难免磕磕碰碰，心里不痛快也是正常的，但唯有以德报怨，唯有容人之过，才能赢得一个温馨的世界。释迦牟尼说："以恨对恨，恨永远存在；以爱对恨，恨自然消失。"

宽容别人，也是放过你自己。懂得宽容，赢得更多的情感，收获更多的好心情。因此，让我们善待身边的每个人吧，深切地理解每个人，相信自己，也相信别人，严以律己，宽以待人，放眼看世界。这样，我们一定能保持良好的心态和情绪。

时刻拥有好心情，做心怀宽广之人，幸福将会时刻陪伴在你左右。

1.克服自卑

其实，一个人的心胸狭隘有时候跟内心深处的那份自卑感有着很大的关系。这时候需要解决的主要问题就是调整自己的心态，增强自己的自信心，克服自卑心，只要你能做到这些，你的心胸就会开阔起来的。

2.要懂得包容别人的过失

在我们的生活里，出现一些摩擦是很正常的，比如朋友之间的小打小闹，或者一些小误会等。面对这些问题，我们没必要耿耿于怀，要学会释然、洒脱地对待，不斤斤计较，勇于原谅别人，给他人方便，以一颗包容的心去感化别人。

3.要注重换位思考

每个人对于事情的看法都是不同的，所以当一个人和你的想法、看法不同，或者和你有过什么争执，或者让你生气了的时候，那么就学着站在对方的角度去想，如果你是他，你又会如何。宽容一个人不难，难的是愿不愿意做到站在对方的角度看问题。

不会宽容别人，也不配得到别人的宽容

宽容是一种美德，如果我们不能以善良、忍耐和宽容的心情来包容这个世界，那么，这个世界上将永远是忧伤和哀叹，而快乐与幸福将远离我们。有人不明白，宽容到底是什么？当一只脚踩到了紫罗兰的花瓣上，而我们的鞋底却保留着花的香味，这就是宽容的最好诠释。屠格涅夫说："不会宽容别人的人，也不配得到别人的宽容。"如果我们想赢得别人的宽容，自己首先就要能宽容对方。宽容是相互的，不仅嘉惠了别人，而且还提升了自己。古人云："金无足赤，人无完人。"谁都有犯错误的时候，"知错能改，善莫大焉"，当一个人无意犯下了错误，或者是伤害了你的时候，何不给对方一个宽容的微笑呢？

迈克尔是约翰逊的朋友。一天，他正走在街上，边走边把竹条缠绕在身上玩，一不小心，竹条的一端脱了手。当时，迈

克尔正在木桥边，农民罗宾逊的儿子在那里放了一罐水，准备挑回家。正巧，迈克尔的竹条弹回来把水罐打翻了，但是，罐子并没有破碎。迈克尔急忙赔礼道歉，谁知道，罗宾逊的儿子跑过来就开骂，丝毫不理会迈克尔的解释。突然，罗宾逊的儿子抓住了迈克尔的竹条，将那根漂亮的竹条折扭了。

这竹条是父亲送给自己的，如今扭成了这样子，迈克尔十分生气，满脸涨红，不停地咕哝着：“我一定要报复他，我要他从心底感到后悔。”约翰逊正好从那里经过，他好奇地问道：“谁？你要报复谁呀？”迈克尔抬头一看，见是自己的好朋友，便把自己的遭遇讲述了一遍。听了迈克尔的“发泄”，约翰逊笑着说：“他的确是个坏孩子，但是，他已经受到了足够的惩罚，没有人喜欢他，他几乎没有什么朋友，也没有什么娱乐，这就是对他的惩罚，也足够你对他的报复了。”迈克尔却执意说：“那竹条可是父亲送我的礼物，那么漂亮的竹条，我只是无意间打翻了他的罐子，我一定要报复他。”

约翰逊无奈地说：“好吧，迈克尔，不过我认为你不要理会他会更好些，因为轻视就是你对他最大的报复了。”说完，约翰逊想起来一个笑话：“有一次，罗宾逊的儿子看到了一只蜜蜂在花丛中飞来飞去，就想把它抓住再揪掉它的翅膀，可是，他很倒霉，蜜蜂蜇了他一下，然后又飞进了蜂巢，他被疼痛激怒了，就像你现在这样，他发誓要报仇。于是，他找来了一根棍子，朝蜂巢捅了几下，顿时，一群蜜蜂飞了出来，向他扑去，蜇得他浑身上下都是伤痕。你看，这样的报复并不会得到最后的胜利，所以，我劝你不要计较他的鲁莽，他就是个坏孩子，比你厉害多了。”

听了约翰逊讲的故事，迈克尔点点头：“你的建议的确不错，那么跟我一起到父亲那儿去吧，我想告诉他事情的真相，相信他不会生气。”迈克尔将事情的真相告诉了父亲，父亲十分感谢约翰逊给儿子的忠告。

过了几天，迈克尔又碰见了罗宾逊的儿子，他正挑着一担重重的木柴朝家里走去，结果，不小心跌在了地上，爬不起来。迈克尔跑过去帮他捡起了木柴，小罗宾逊感到十分愧疚，心里难受极了，为自己以前的行为感到后悔。而迈克尔则高高兴兴地回家去了，他想：“这才是最绅士的报复，以德报怨，对此，我怎么可能感到后悔呢？”

对于他人无意或有意犯下的过错，我们要学会谅解，放下心中的愤怒与仇恨，以平和心态来对待。报复，只会让我们获得一种暂时的快感，而之后的日子里，我们都将在悔恨与内疚中度过，因为我们永远背上了道德的枷锁。但是，若我们以平和的心态对待，以宽容的姿态拥抱对方，以德报怨，这样，我们就不会后悔了。

泰德说：“宽恕胜于报复，因为，宽恕是温柔的象征，而报复是残暴的标志。”事实证明，宽容比惩罚更具有强烈的感化力量，宽容待人的同时，也为自己创造一个融洽的环境。针锋相对，带来的只会是两败俱伤，而宽容带来的将是一份美好的情感。正所谓“以恕己之心恕人则全交，以责人之心责己则寡过”，宽容不是迁就，更不是软弱，而是一种修养，更是一种充满智慧的处世之道。

原谅了别人，你才真正成长

面对他人有意或无意造成的错误，如果我们愤怒或生气地指责对方，会使对方感到有种受伤的感觉，在他心里，第一感觉不是认识到自己的错误，而是感觉自尊受到了伤害。这样一来，他不但没有意识到自己错了，反而怀着对你的仇恨。而原谅则不一样，原谅能使一个人清楚地看到自己的错误，同时，还会心存感激。所以，面对他人的错误，原谅比挑剔、指责更有用。

有一次，发明大王爱迪生和他的助手辛辛苦苦工作了一天一夜，终于做出了一个电灯泡。他们非常珍惜这个成果，就叫来一名年轻的学徒，让他把这个灯泡拿到楼上的实验室好好保存。这名学徒知道这是个重要的东西，心里非常紧张，结果在上楼的时候，不住地哆嗦，一下子摔倒了，把电灯泡摔得粉碎。爱迪生非常惋惜，但没有责备这名学徒。过了几天，爱迪生和他的助手又用了一天一夜制作了一个电灯泡，做完后，爱迪生想也没想，仍然叫来那名学徒，让他送到楼上。这一次，什么事也没有发生，这名学徒安安稳稳地把灯泡拿到了楼上。事后，爱迪生的助手埋怨他说：“原谅他就够了，你何必再把

灯泡交给他呢，万一又摔在地上怎么办？”爱迪生回答：“原谅不是光靠嘴巴说说的，而是要靠做的。”

在生活中，许多人习惯于责骂他人的错误，特别是当他人的错误对自己的生活产生不利影响的时候，我们的情绪有可能会一下子失控。这时，怨恨占据了我们的心灵，指责与辱骂就会随之而来。但是，如果我们仔细一想，就会发现指责与挑剔对于我们来说一点好处也没有，它只会让我们的情绪变得更加恶劣，而他人在指责与挑剔之下也会心生不满。所以，在任何时候，原谅他人都是一个明智的选择，而且，正如爱迪生所说：“原谅不是光靠嘴巴说的，而是要靠做的”，我们必须以实际行动来让对方感受到，他们已经被谅解了。

只有能够发自内心地原谅别人，我们才是真正的强者。佛说：“当你战胜了嗔恨的心魔，生命因此更自主、自在与自由。”真正的强者不会指责别人、挑剔别人，而是战胜自己、体谅别人。甘地曾要求自己不要怨恨任何人，他说：“我知道这很难做到，所以用最谦恭的态度，尽量达成这项自我的要求。”

原谅对手，你会获得朋友

如果让你每天都面对着敌人，你能获得快乐吗？答案当然是否定的，你一定会把敌人看作是眼中钉、肉中刺，每时每刻都恨不得对敌人发起攻击。假如敌人真的站在你的面前，能够让你肆无忌惮地与其一较高下倒也还好，因为不论结果如何，都是让人痛快淋漓的。怕只怕，这个敌人并非活生生地站在你的眼前，而是被你的怨恨种在你的心里，这样一来，尽管你每天都面对着心中的敌人，但是却始终抓挠不到对方，只能干着急，这岂不是莫大的折磨吗？

人生在世，每个人都希望自己的一生顺遂如意，希望自己的人生道路平顺，没有泥泞和坎坷。然而，人生之不如意十之八九，任何时候，我们都难以避免地要面对敌人，面对困境。其实，面对面的敌人是很好对付的，最难的是清除我们心中的敌人。

当敌人在我们心中扎根，就会挥之不去，也会赶走我们心中原本居住着的快乐。要想赶走心中的敌人，我们首先要消除它们生根的土壤——怨恨。当我们心中不再有怨恨，我们心中的敌人也就失去了立足之地。再难的事情，都有可以解决的方法。尽管清除心中的怨恨很难， 但是只要我们愿意努力尝试，愿意坚持去做，还是能做到。在鲜花遍野的地方，野草总是无处生长。同样的道理，当我们在心中种下真善美的种子，怨恨也就无处生长。由此可见，消除心中的怨恨，我们首先要做的就是淡化内心的恩怨情仇，以宽和从容、充满友爱的心，面对生活中的一切艰难坎坷和风雨泥泞。正如人们常说的，活着原本就很艰难，我们更应该清除一切的敌人，让自己生活得更加轻松快乐。

乔乔和志鹏是初中同学。后来，乔乔去了师范学校读书，志鹏则升入高中，开始为考大学拼搏。正是在这段时间里，他们突然互相生出了好感，开始恋爱。3年之后，乔乔师范毕业，回到家乡教书，开始自己养活自己。志鹏高考落榜，开始复读，正是花钱的时候。乔乔几乎把自己挣到的所有钱都用来供养志鹏，她自己省吃俭用，却给志鹏花费千把块钱买衣服。在乔乔心目中，她似乎早就已经认定了志鹏，因而对志鹏死心塌地。

让乔乔万万没想到的是，志鹏在大二那年，居然向她提出了分手。这个时候，乔乔已经不遗余力地供养志鹏读书3年。乔乔想不明白，当即请假去了志鹏的学校。这才发现志鹏和教授的外甥女好上了，教授的外甥女也在那所大学读书，他们的确是郎才女貌。看到他们在一起幸福的样子，乔乔质疑志鹏，却无法挽回自己苦心经营的感情。转眼之间，10年过去了，这期间乔乔也结婚生子，有了自己的家庭。然而，当她有一天无意间在视频网站上看到已经成为某医药公司党支部书记的志鹏发言视频时，心中还是猛地一痛，各种憎恨全都倾泻而出。

后来，乔乔把这件事情告诉了闺密，闺密不以为然地说："你有什么好悔恨的呢！当初，是人家抛弃了你，又不是你抛弃人家，你还后悔！我觉得，你应该遗忘他，难道你没听说过吗，恨也是一种爱，遗忘才是真正的不爱。"闺密的话点醒了乔乔，她意识到自己这么多年来原来一直在心底里恨着、牵挂着。想想现在美好的生活，她决定彻底清除心中的怨恨，真正开始属于自己的生活。

在这个事例中，乔乔因为初恋男友的抛弃，心中始终深埋着仇恨。虽然她也按部就班地结婚生子，但是她从未忘记那个她恨着的人，也因而对于自己现在的生活非常不满意。幸好这个偶然看到的视频让她认清楚自己的内心，也幸亏闺密的一番话，彻底点醒了她。对她而言，只有清除怨恨的土壤，清除那个深深扎根在她心里的人，才能真正翻开生活的新篇章。

在现实生活中，我们遇到的不全是让我们欢喜的人，我们往往因为各种各样的原因与他人为敌。在遭遇困境的时候，在四面楚歌的时候，我们不如学会清除敌人。其实，除了消除心中的怨恨以便彻底消除心中的敌人之外，我们还可以采取各种方式化干戈为玉帛，化敌为友，这对于我们的生活和工作也有莫大的好处。

所谓多个敌人多堵墙，多个朋友多条路。当我们清除限制我们的一堵堵墙，让自己的生活中条条大路通罗马，那该是多么畅意的事情啊！

第九章

翻越人生的壁篱，我的情绪我掌控

积极乐观，做内心强大的人

脆弱不堪的心是经受不住多大的摧残与打击的，更不用说能够保持积极稳定的情绪。所以要想让自己更好地适应社会，融入这个大集体，就要努力学会强大自己的内心，不为琐碎的小事干扰，不为前方的困难焦虑，处事坦然，让情绪常常保持积极的状态。

在日常生活中，你总会遇到这样那样的问题，总会产生各种各样的情绪，而你对情绪的把控能力恰恰体现出你心理的承受能力。有些心理承受能力差的人，情绪很容易失去控制，很容易让自己受到伤害。比如，面对压力，有的人会产生极度的焦虑，以至于恐惧；失去亲人，可能会极度悲伤，以至于抑郁；面对不平，可能会极度愤怒，以至于当众咆哮失态。这些极度的情绪很可能导致当事人做出一些过激的举动，比如自杀、犯罪等，而且这些情绪本身就是对人体能量的一种极大损耗，很多人在经历这些情绪之后往往会大病一场。所以说，我们要保持好的精神状态，就要懂得合理调控自己的情绪，防止情绪超出自己的控制做出冲动的事情。如果陷入了坏情绪里，要努力克制自己，尽快走出困境，重归好心情。

吉姆·史都瓦眼睛出现疾病，在医生的诊断下得知自己不久将会永远都无法重见光明。刚开始他并没把这件事放在心里，而是通过自己不断的付出成功考上了大学。为了跟上老师的进度，他经常熬夜，但眼疾的加重带来了巨大的痛苦，他仅上了十天学，就不得不选择了放弃。

以后的日子，他就去工地上干活，他怕耽误工作进程，就非常拼命地劳作。但是在工友们的劝告下，他认识到自己不应该一辈子待在工地上，所以，他含泪谢过工友，决定复学。

重回读书生活，他又以饱满的精神投入到学习中并取得了很好的成绩，获得了心理学和社会学双学位，并获得学校最高荣誉奖。29 岁时他双目失明，但是他因为发明了帮助视障人士“看”电视的方法，而获得了荣誉。

在这个世界上不存在什么绝望，只看你是否努力去拼搏。挫折打败的都是怯懦的人，对于强者来说不过是施加于强力弹簧上的压力，是激发弹力的必要条件。心灵强大的人总是能做到越挫越勇，始终不放弃光明的未来。

所以，任何时候都不要怨天尤人，不要自怨自艾。内心强大，才能把控好情绪，把控好自己，才能点燃世界，才能让人生为你燃烧！

温室的小花朵是经不住风雨的，脆弱的人在社会上是很难立足的。所以，面对人生，我们要合理调控自己的情绪，强大自己，这已经成为势不可当的趋势了。

1.自我激励

自我激励是积极向上的心态，能有效地缓解自己的情绪问题，帮助自己走出困境。如通过一些名人、伟人的事例或名言、警句进行自我激励，有效地调控偏激情绪。比如，林则徐为了控制自己的怒气，写了“制怒”的大匾，悬挂在堂屋中，以此告诫自己。

2.不断提醒自己

情绪不好时，我们不能放纵自己的情绪，要及时地提醒自己抓紧走出坏情绪的旋涡。当我们感到非常愤怒的时候，可以不断地在心里默念“怒气伤身，要忍住”“我能克制自己，一定可以”等，反复地暗示自己：别做蠢事，发怒是无能的表现，及时给予自己暗示和警告。

3.不断地学习

学无止境，学习不仅能充实自己的文化知识，还能培养人的处事能力，拓宽人的心胸。人生的烦恼永远追随，只不过学识涵养可以使一个人更加理智冷静地分析处理这些难题而已。所以说。活到老，学到老，不断地学习才能不断地强大自己。

管理好情绪，真正掌控自己

很多人对于控制情绪都有误解，觉得所谓控制情绪就是要压抑自己，不给自己发泄情绪和表达内心的机会。实际上恰恰相反，主宰情绪绝不是压抑情绪，也不是禁止发泄情绪，而是学会宣泄情绪，从而保持情绪的平和，再想方设法引导情绪，

让情绪之流水淙淙。古往今来，有的人因为控制不好自己的情绪而被活活气死，他们不是死在那个惹怒他们的人的手中，而是死在自己的手中。也有很多人能够控制好自己的情绪，不让自己变得如同玻璃人一样脆弱，或者如同一个炮仗一样只要一点就会爆炸，而是让自己成为情绪的主人，能够控制好自己，也可以保证呈现出自己最佳的状态。

曾经有心理学家经过研究发现，愤怒会让人的智商降低。这样一来，生气非但不能解决问题，反而会导致问题变得更加复杂和难以解决，因此明智的人不会让自己总是处于情绪失控的状态，而是会管理好自己的情绪，真正掌控自己。

很多人以为情绪会影响人的行为，实际上，也有心理学家提出，人的行为同样会影响情绪。例如当一个人很伤心的时候，如果他能够强颜欢笑，或者勉强打起精神来对着镜子里的自己傻笑，那么他渐渐地就会开心起来，至少原本阴郁的心情不会那么糟糕。因此，当心情落寞的时候，我们不如有的放矢地调整好心态，这样才能从容不迫地应对人生。否则，总是这样被动和落寞，总是因为内心惶恐而失去对自己的把握，那么未来会更加被动。当情绪有风吹草动的时候，不要一味地被情绪奴役，而要控制情绪，成为情绪的主宰，从而更好地面对问题，解决问题。

在美国，各所大学之间常常会举行比赛，诸如各种球类运动。有一次，美国的大学举行橄榄球比赛，怀俄明大学和夏威夷大学打对手赛。不知道为何，夏威夷大学在比赛中的表现非常糟糕，在整个上半场，居然都处于接连输球的状态，到了中场的时候，他们整整输掉22个球。为此，夏威夷大学队感到非常沮丧和绝望，几乎认定在下半场绝不会有扭转局面的机会，甚至会输得很难看。看着球员们的样子，教练感到很着急，因为教练很清楚在糟糕的情绪下，队员们的表现只会更加糟糕。如何帮助队员们振奋精神呢？教练思来想去，决定给队员们看他的剪报。

原来，教练近些年来收集了很多剪报，报道的内容都是比赛者如何在比赛失利的情况下反败为胜的。果然，队员们在看了这些剪报之后，原本萎靡的精神略显振奋，有的球员问教练报纸上所说的事情是不是真的，教练笑着说："你不知道新闻报道的原则之一就是要非常真实吗？"得到教练的反问，队员们更加兴致勃勃地传阅剪报，有个队员还把剪报读出来给其他队友们听！看着队员们的精神越来越振奋，一个个就像是打了鸡血一样，教练说："现在，你们有信心吗？"在教练的激励下，下半场夏威夷大学队的每一名队员都以一当十，在赛场上表现得特别棒。结果出人预料，夏威夷大学队居然在下半场零封对手，最终以27：22的成绩战胜了怀俄明大学队。

夏威夷大学队为何能够获得成功呢？就是因为他们得到教练的激励。实际上，这就是情绪的力量。如果夏威夷大学队的队员被沮丧情绪打败，那么在接下来的比赛中，他们绝对不可能获胜。幸运的是他们有一个好教练，在教练的启发和指引下，他们最终战胜了负面情绪，成为情绪的主宰，所以才能战

胜怀俄明大学队，获得比赛胜利。

情绪是一种非常强大的力量，既能成就人，也能毁灭人。我们每个人都要战胜情绪，都要成为人生的强者，真正主宰人生，如此才能在人生旅程中振奋精神，成就自我。否则，如果每天都陷入负面情绪之中无法自拔，甚至面对很多有助于成功的因素也总是提不起精神来，则一定会陷入负面状态，导致人生变得颓废沮丧，无法成功。尤其是在如今这个纷繁复杂的世界里，我们更是要控制好自身情绪，不要因为工作压力大，内心沮丧，生活艰难，就迁怒于生活；而应更加理性从容地面对人生，无所畏惧地经营好人生，这样我们的未来才会更加目标明确。

要想控制好情绪，除了要及时消除负面情绪的不良影响，我们还要更加清楚地分析负面情绪的来源，也要知道引起负面情绪的根本原因。其实，情绪问题之所以泛滥，并不在于问题本身有多么严重，而在于很少有人会意识到情绪的重要性，更是极少有人能够做到积极主动地控制情绪。这样一来，情绪自然处于信马由缰的放纵状态，也导致我们的人生越来越困惑，越来越苦恼。

从现在开始，努力控制情绪吧，因为你如果被情绪奴役，就会因为情绪走向毁灭。你只有成功地驾驭和控制情绪，才能成为人生的强者，才能真正地掌控和把握自己的未来。

你自己的心将决定你的情绪

心理专家说："其实每个人都生活在自己的围城里，巨大的竞争压力使人们渐渐忘记了自我欣赏和肯定，进而迷失了寻找自我意识的目标和方向。"其实，快乐是一种由心而生的乐观心态，它来源于人们克服困难的勇气和对生命归宿的信仰。同样的道理，情绪也是由心生，同时也是由心来控制。

那么，我们将如何调整情绪，给自己一份快乐的心情呢？当然，快乐的资本并不在于财富的多少，而是与人们信念、家庭、自我价值感和个人情绪有关，好心情是个人愿望达成之后的积极态度体验，因此，合理的期望将直接决定着快乐的程度。情绪大多源于人们看待事物的方式，一旦理解上出现了问题，往往会产生不正常的情绪反应，从而导致情绪不佳。事实上，情绪由心而生，亦由心来主控，所以，别生气，争做情绪的主人。

有一个小女生从小生长在孤儿院，她的情绪时常很坏，会悲观地问院长："像我这样没人要的孩子，活着究竟有什么意思呢？虽然每次我都不想这样去想，但是，坏情绪就像一个魔鬼，它总是纠缠着我，让我的情绪变得很坏，我该如何摆脱它的束缚呢？"每次，院长总是笑而不语。

有一次，院长交给女孩一块石头，对她说："明天早上，你拿这块石头到市场上去卖，但不是真卖，记住，无论别人出多少钱，绝对不能卖。"第二天，女孩拿着石头蹲在市场的角落，发现不少人对她的石头感兴趣，而且，价钱越出越高。回到孤儿院，女孩兴奋地向院长报告情况，院长笑了笑，吩咐她明天拿到黄金市场上卖。在黄金市场上，有人出比昨天高十倍的价钱来买这块石头。

后来，女孩又将石头拿到宝石市场上展示，结果，石头的身价又涨了十倍，可是，女孩怎么都不卖，人们将那块石头都视为“稀世珍宝”。女孩高兴地捧着石头回到孤儿院，向院长问道：“为什么会这样呢？”院长望着孩子缓缓说道：“生命的价值就像这块石头一样，在不同的环境下就会有不同的意义。一块不起眼的石头，由于你的珍惜而提升了它的价值，竟被视为稀世珍宝，你不就像这块石头一样吗？只有自己看重自己，珍惜自己，生命才有意义。其实，这就跟你的心态和情绪是一样的，只有你改变了心态，你的情绪才会好起来，这样，你才能掌控自己的情绪。”

如果自己都不看重自己，不珍惜自己，别人为什么会看重你呢？生命的价值往往取决于自己的心态，而一个人的情绪将取决于你自己的心，这就是所谓的“情绪由心生”。有人说：“桥下熙熙攘攘的船不过只有两条，一条是名，一条是利。”船尚且如此，更何况是人呢？

在现实生活中，许多坏情绪是我们内心滋生出来的。人们往往为名所累，因欲海无边而算计，为生计而忙碌奔波，他们常常因为这样或那样的事情而生气，灰心丧气、情绪失落、患得患失。其实，生命苦短，怎能让苦恼常相伴呢？

1.情绪和心态

对于每个人来说，要想保持身心健康，调节需要情绪，摆正心态。在一定程度上，情绪和心态是成正比的，当你心态消极的时候，你的情绪一定没有办法变好；反之，当你心态积极向上的时候，你的情绪将时刻处于平稳的状态。哲人说：“要么你去驾驭生命，要么让生命驾驭你，你的心态决定谁是坐骑，谁是骑士。”最快乐的人并不会觉得一切东西都是最美好的，他们只是满足于自己所拥有的一切；最快乐的人并不会觉得人生就是一帆风顺的，而是用积极的心态来面对生活。

人生并非只有愤怒和无奈，因为情绪是可以由我们自己去把握和调控的，情绪是人生的控制塔，一个人有什么样的心态，其情绪就会随之而变化。所以，在一定程度上说，情绪与心态是相同的，有乐观心态的人，他们的情绪大多时候都会处于平静状态；有悲观心态的人，他们情绪大多时候都会处于抑郁状态。但是，一个人无论多么有能力，如果不能改变自己的心态，不能调节自己的情绪，那么，他就什么事情都做不成。良好的心态能产生巨大的力量，有了它，我们就能把握自己的命运，从而实现人生的理想。我的心情我做主，要想做情绪的主人，首先我们需要良好的心态。

2.改变心态

有两位老太太，在生命的最后旅程里，一位选择坐在家里，足不出户，颐养天年；一位开始学爬山，并在95岁高龄登上了日本的富士山，打破了攀登此山年龄的最高纪录。一个人要想主宰自己的人生，就必须培养自己的良好心态。而且，心态是可以改变的，放下消极的心态，以积极乐观的心态重新面对人生，你会发现生活其实很美好。

3.调节情绪

在漫长的人生路途中，我们会遭遇许多事情，比如感情上、学习上、工作上，等等。但是，无论是困难还是挫折，不管是忧伤还是沮丧，都不是最可怕的，只要我们能够及时调整情绪，勇敢地面对它，那么，最后的胜利是会属于我们的。

汉姆嗜酒如命，有好几次都差点没命了。有一次，他在酒吧里看到一个不顺眼的酒保，当即就杀了他，因而被判了死刑。汉姆有两个女儿，年龄相差一岁，其中，一个女儿染上了毒瘾，平日靠偷窃和勒索为生，同样也由于犯罪而进了监狱。可另外一个女儿却截然相反，她在一家公司担任经理，有着美满的婚姻和可爱的孩子，不仅没有吸毒，在她身上连不良行为都很难发现。

为什么同一个父亲，在完全相同的环境下长大，两人却有着截然不同的命运呢？在一次电视访问中，当记者问到造成她们现在状况的原因，两人回答却是惊人的相似："有这样的父亲，我还能有什么办法？"

在生活中，许多人认为有什么样的环境就会造就什么样的人生，其实，这并不是绝对的，因为情绪是由我们自己的内心所决定的。面对同样的父亲，一个女儿选择了自暴自弃，另一个女儿却选择了拼搏，心选择了不同的情绪，铸就了她们截然相反的人生。不过，心态与情绪偶尔也会互相牵制，当一个人有了良好的心态，才能控制其情绪，才能享受生活赋予的快乐和幸福。所以，不要让消极的情绪占据你的心灵，赶走忧虑和愤怒，在任何时候都应该保持积极乐观向上的心态，学会做情绪的主人！

学习别人的优点，充实自己

什么是嫉妒？翻阅《心理学大辞典》不难找到心理学家对于嫉妒的准确定义——嫉妒是和他人比较，发现自己在才能、名誉、地位或境遇等方面不如别人，并且因此而产生的一种由羞愧、愤怒、怨恨等组成的复杂的情绪状态。其实，嫉妒是一种非常普遍的心理学现象，因为每个人从降临人世开始，就开始唯我独尊，把自己当成是猴群里的“王”，即猴王心理。

在民间，诸如“吃不到葡萄说葡萄酸”“红眼病”等，也都是用来形容嫉妒心理的。嫉妒是一种负能量很大的情绪，人们一旦心生嫉妒，就会变得暴躁不安，失望消沉，对人充满敌意，憎恨原本不相干的人，甚至做出某些丧失理智的事情。

那么，人们到底因何心生嫉妒呢？其实，对于嫉妒心强的人来说，很多事情都会使其情绪产生波动。例如，学校里，学生们因为谁考第一而心生嫉妒；办公室里，女同事因为别人买了一条金项链而自己没有，变得愤愤不平；街坊里，阿姨因为自己的儿媳妇没有别人家的儿媳妇好看而气愤；工作中，男性同胞因为没有得到某个职位，而嫉妒那个官升高位的人……总之，嫉妒的起因形形色色，而最根本的原因是因为没有良好的心态。其实，嫉妒不仅会对别人的生活产生困扰，而且会给自己的生活带来很大的影响。

生活中没有任何人会处处领先，命运是公平的，它为你关上一扇门，就会为你打开一扇窗。同样的，当你拥有很多的时候，它也会给你一点小小的遗憾。对于生活中那些比我们更加优秀的人，我们完全可以取人所长，补己之短，而不必一味地被嫉妒之火烤炙，最终无法忍受，害人害己。

人生苦短，每个人都像蜗牛一样背负着沉重的壳。既然这样，我们为什么还要给自己徒增烦恼呢？如果觉得不快乐，不妨想想那些不如自己的人，再想想如何学习别人的优点，壮大自己。

勇敢的你，请接受命运的挑战

每个人的内心深处都有恐惧在作祟，这份恐惧或者来自未知、无法把握的未来，或者来自生命的挑战给我们造成的障碍。更多的时候，我们在面对抉择时更加恐惧。这是因为，我们不知道选择之后会面对怎样的结果。尤其是对于那些特别重要的事情，我们更是感到莫名其妙地恐慌，甚至满怀忧虑。在这种情况下，我们最希望岁月静好，也希望一切都能在自己的把握之中。

现实生活中的绝大多数人都害怕创新和改革，更不敢肆意冒险。实际上，古今中外，有几个青史留名的名人面对恐惧时选择了退缩呢！毋庸置疑，他们也是人，而不是神，因此他们在面对各种危机时也会产生恐惧。他们之所以成功，是因为他们在面对内心的恐惧时没有选择退缩，而是选择了面对。没错，对于每个人而言，最深切的恐惧并非来自外界，而是来自自己的内心。很多时候，内心的恐惧就如同囚牢，使我们被牢牢禁锢，无法摆脱。

对于那些不断遭受失败的人，所谓的明智者也许会感到啼笑皆非，对其愚蠢的行为不以为然。实际上，不断地尝试并非一种愚蠢。人们之所以坚持并张开怀抱迎接生命的挑战，从不妥协，一定是因为相信自己终有一日能够获得成功。可以说，他们是战胜了内心恐惧的人，他们是坦然面对生活重重困难和磨难的人，他们才是人生中真正的强者。对于任何人而言，除了内心的恐惧，没有东西能够击垮他。所以，我们也必须战胜内心的恐惧，才能拥抱人生，才能收获人生。

2001年，纽约的股市发生了很大的波动。当时，威尔逊在WWD资产管理公司当操盘手。要知道，这家公司是以“整个美国最激进投资策略”而闻名于世的。对于当时的恶劣情况，威尔逊一觉醒来，简直觉得到了世界末日。在此之前，他苦心经营得到的那点儿自信，全都消失了。他不知道如何向客户解释股票的一夜暴跌，也不知道如何帮助客户保持心情的平静，更不知道自己如何还能鼓起勇气面对未来。

在当时的威尔逊心里，这是一场不折不扣的股灾，他曾经游刃有余的投资市场，眼下让他感到心惊胆战。毫无疑问，人人都渴望实现自身资产的升值，但是大多数人都只看到了盈利，而没有看到损失。所以，对于这些大部分都没有准备好的投资者，威尔逊感到无计可施。想当初，面对华尔街的金融风暴，有个投资人心中产生了严重的阴影。尽管他理智上知道这个机会适合抄底，而且巴菲特的确在大量买入，但是他因为恐惧而止步不前。他的名字叫艾伯。后来，艾伯因为合作伙伴的离开以及随之而至的诸多困难，选择了自杀——他实际上死于自己内心的恐惧。

金融市场和战场很像，试想，对于一个惧怕战斗的士兵而言，如何能够在战场上战胜敌人、获得胜利呢？那么，对于在金融市场奋斗的战士而言，如何能够在惧怕的情况下游走于规则之间、获得胜利呢？现实生活就是如此残酷，我们几乎每时每刻都在面对生存的挑战，所以我们必须战胜内心的恐惧，从而更加从容地面对生活的一切。

尤其是当我们已经习惯了恐惧时，我们就会更加害怕失败，因为那是我们的生命无法承受的。当恐惧心理占据上风，我们的内心就会如同决堤，导致恐惧如同滔天巨浪一样席卷而来，这样的后果无疑是可怕的。

任何时候，都不要告诉自己“我不行”“我不可能获得成功”，不要让内心的恐惧打倒自己。我们必须在内心深处树立起勇敢的旗帜，从而帮助我们迎接命运的挑战，得到人生最佳的结局。

挥洒汗水，不负时光

我们都知道，任何事情的发展都是有规律的。在无法改变的规律面前，我们需要做的只是努力，剩下的就交给时光。这是一种大气和洒脱，是一种从容和淡定。

当下的你可能正处于困惑之中，可能你对现在所从事的事感到迷茫、觉得毫无希望，但是你可曾问自己：我做到百分之百的努力了吗？如果答案是肯定的，请别焦躁，该有的总会有，成功总有一天会找到你。

所以，我们千万不可把自己的主观意愿强加于客观的现实中，我们应该学会随时调整主观与客观之间的差距。凡事顺其自然，确实至关重要。

然而，在现实生活中，我们看到不少人内心焦躁不安，尤其是当他们发现自己努力过后依然看不到希望时，他们要么打退堂鼓，要么感时伤事，开始陷入迷茫混沌之中。其实只要你勤勤恳恳、不放弃，然后静静地等待，时间总会回报你。

生活的真正赢家并不是那些聪明的人，而是那些看上去有些笨的人。因为他们认为自己不够聪明，勤能补拙，所以他们苦干，最终拥有了自己想要的生活。而相反，那些自以为聪明者，他们喜欢耍小聪明，看到周围的人有更巧妙的方法，他们就投机取巧，似乎这样就显得比别人聪明一点，而最终他们往往输得很惨，所以智慧和实干比起来，实干更加不可或缺。

提到罗马纳·巴纽埃洛斯这个名字，不少美国女性可能都十分熟悉，她是美国第34任财政部部长。然而，她曾经是个很贫穷的墨西哥姑娘，她在16岁的时候就结婚了，婚后有了两个儿子，而这段婚姻并没有持续很久。

不过巴纽埃洛斯很清醒地认识到，她唯一要做的且最为重要的事就是养活两个儿子，而且要给他们尊严。所以，她怀揣身上仅有的7美元，来到了洛杉矶。

刚开始，她给人洗碗，后来，只要什么工作挣钱，她就做什么，就这样，她艰辛地存到了400美元，然后以此作为创业基金，和她姨母共同经营玉米饼店，结果非常成功，并开了几家分店。后来，她经营的小玉米饼店铺成为全国最大的墨西哥食品批发商，拥有员工300多人。

在经济宽裕且拥有了一定的地位之后，巴纽埃洛斯便将精力转移到提高她美籍墨西哥同胞的地位上。她和许多朋友在东洛杉矶创建了“泛美国民银行”。这家银行主要是为美籍墨西哥人所居住的社区服务。如今，银行资产已增长到2200多万美元。她的成功确实来之不易。当初，有人告诫她说：“美籍墨西哥人不能创办自己的银行，你们没有资格创办一家银行，同时永远不会成功。”就连墨西哥人也说：“我们已经努力了十几年，总是失败，你知道吗？墨西哥人不是银行家呀！”

但是，她始终不放弃自己的梦想，努力不懈。如今，这家银行取得伟大成功的故事在洛杉矶已经传为佳话，巴纽埃洛斯也成为美国第34任财政部部长。

可见，人只有在内心坚定目标，内心的力量和头脑的智慧才会找到方向，才能忍受长时间的等待，才能一心向前。

其实，任何一种本领的获得、一个人生目标的达成都不是一蹴而就的，而是需要一个艰苦历练与奋斗的过程，正所谓“宝剑锋从磨砺出，梅花香自苦寒来”，任何急功近利的做法都是愚蠢的，做任何事情都要脚踏实地，一步一个脚印才能逐步走向成功，一口是永远吃不成一个胖子的，急于求成，只会适得其反，结果只能功亏一篑，成为一个拔苗助长的笑话。

人们常说：“一心不能二用。”的确，一个人如果心烦气躁，或急于求成，或六神无主，无论如何也不能把事情做好。要想做好事情，就得专心，有条不紊。人做事应该力求完美，做一件事就专心致志，那样才能享受到你做事情的快乐，并产生成就感，而你的能力也会相应提高，心态也会相应平和起来，如果每件事情都能这样做下去，形成了一个良好习惯，那么你以后做什么事情都可以有条不紊，思路清晰。

相反，如果你在做这一件事情的时候，心绪不宁，只想把它快点做完，那么欲速则不达，最后的结果很可能是，事情并没有做好，因而心情烦躁，不痛快。如果长期这样，你的做事效率就会越来越差，心态也会越来越浮躁。久而久之，你会一事无成。

总之，我们需要记住，无论做什么，一个太想成功的人，往往很难成功，太想达到目标的人，往往不容易到达目标，因为欲速则不达，凡事不可急于求成。相反，以淡定的心态对之、处之、行之，以坚持恒久的姿态努力攀登，努力进取，成功的概率会大大增加。

第十章

静心才能顺意，好运不请自来

积极乐观，不骄不躁

“不以物喜，不以己悲”，这句话或许更能体现一个人的淡定与从容。人生在世，可谓世事难料，生活总是充满着变幻与挑战，或许是顺境，或许是逆境，只要懂得淡定面对，一切都会是过眼云烟。我们不能把控命运，但是我们可以掌控自己的心态，因为情绪是由心而生的。淡定是一种人生态度，万物自有它自己的规律，我们对待自己的未来要有“不以物喜，不以己悲”的平常心。

“不以物喜，不以己悲”，这句话出自范仲淹的《岳阳楼记》，它是一种至高的人生境界，抛却外世的复杂变化，以一种淡然忘我的心态面对人生。新东方的创始人俞敏洪说：“别人用一年做成的事我用两年，别人用五年做成的事我用十年，别人用十年做成的事我用二十年，实在不行了我就每天保持平和的心境，当他们离开这个人世的时候，我还愉快地活着。”心态的平和淡定对于人的一生有着不可小觑的影响。

古往今来，物欲在社会中始终占据着很大的比重，所以范仲淹会写下“不以物喜，不以己悲”的诗句来警诫。物质真的能够带给人们内心最真实的快乐吗？看到自己与他人的贫富差距时，我们会凌乱了自己的内心吗？

在生活中，物质不是评定幸福与快乐的唯一准则，重要的是要有一颗淡定的心，不为名利所累，不为世俗所扰，不以物喜，不以己悲，轻松地走好人生的每一步。

从现实意义上说，“不以物喜”这句话中的“物”说白了，就是你的财富、你的成就、你认为值得炫耀的东西。“不以物喜”不仅仅是指不为物质名利所累，还有一层含义，即得到的已经得到了，何必沾沾自喜，现在的财富和名利只是证明了过去的价值，在任何时候都别把自己太当回事，无论你曾经取得了多么辉煌的成就，就算是站在了辉煌的浪尖，依然要保持一颗淡定的心。我们应该明白，未来的路还有很长一段时间要走，我们会经历更多的挑战，如果自己沉迷于当前的欲望，那么我们怎么还能有更好的精力去展望新的未来呢?

“不以己悲”是一种人生境界，人活一世不要让外界的烦忧过度地牵绊自己，不要过多地在意一些无谓的东西，同时还要保持好自己的心态，不因一时成败而去否定或迷失自己，让自己陷入沮丧的情绪中，这样也许就完全限制了自己的自由心境，完全埋没了自己。人的一生面临太多得失，所谓“得失”也许真的有得必有失，所谓“舍得”，也许真的先舍才有得!

晋追禅师对于兰花有着一种特别的情感，在他眼里兰花就如同自己的朋友一般。曾经有一天，禅师应他人邀请要出去一趟传授经文，临走的时候特意叫来弟子让他好好照顾兰花。

师父对于兰花的喜爱是出了名的，弟子接过任务之后可谓是小心翼翼，生怕出什么状况。然而越是仔细越是出错，在浇花时他不小心将兰花架子撞倒，瓦盆破碎，花叶零落。看着一地的残花烂泥，弟子吓坏了，不知道如何是好。

天黑了下来，师父这时从外面回来了，看到师父，弟子非常紧张，一五一十地把事情经过跟他讲述了一番，恳求师父不要生气，希望自己得到应有的惩罚。没想到晋迫禅师竟然平静地说："你不是故意的，又晓得毁坏东西不是一件好事，以后会更小心做事，我还惩罚你做什么？我的确喜欢兰花，视兰花为友。但我种兰花的目的是香花供佛，美化禅院的大众心境，不是为了生气烦恼啊！"

这就是从容淡定，禅师纵然喜欢兰花，但并没有让兰花牵制自己的情绪，因此，兰花的有无，并不影响他心中的悲喜。

淡定的心态，主要是指能够面对现实仍能保持一颗不骄不躁的平常心，也代表着一个人有着更深远广阔的心境。人生只有一次，所以必须正确对待人生，保持积极进取的人生观和愉悦心境，怀着一颗健康灿烂的心，自尊自爱自强自乐的心，就能步履轻松地行走，潇洒生活，快乐自己，愉悦别人。

保持内心的宁静

如今的大城市，到处都充斥着熙熙攘攘的人群和喧哗的吵闹声，这一切使人们已经没有时间和机会静下心来听听自己内心的声音了。每天，我们为了金钱，为了名利，为了拥有更好的生活而奔走在城市的每个角落，我们已经失去了宁静。入夜，当一切喧嚣都回归平静，我们却在睡梦中重复着白天的刺激与新鲜，我们奔跑、欢笑、哭嚎，唯独缺少一个安然无梦的睡眠。我们还能感受到幸福吗？大多数人给出的答案都是：“生活太忙碌了”“每天都觉得很累”“不知道活着是为了什么”……所有的这些困惑，都因为我们失去了宁静的心。

假如心迷失了方向，我们又如何知道什么才是我们想要的幸福呢？心是人生的引航灯，即使再怎么忙碌、劳累，我们也要保持心的清明和宁静。累了，就歇歇，问问自己如此劳累是为了什么；忙了，就闲闲，问问自己如此马不停蹄到底在追求什么；困惑了，就扪心自问，这一切的一切是你想要的吗？即使外界再怎么纷扰，只有内心保持宁静，我们才能真正感受到幸福的滋味。其实，幸福不是拥有很多很多的钱，也不是身居高位，更不是享有大房子、豪华汽车；幸福是你内心深处倾听到的声音，有清晨静静花开的声音，有傍晚长河落日的声音，有一家人在一起幸福绽放的声音，有简简单单、平平淡淡的锅碗瓢盆的声音。如果你能听到这一切，你就能够感受到真正的幸福。

很久以来，紫萱都没有感受到幸福的滋味，尽管她如今有了大房子、好车。曾经，紫萱以为自己生活的目标就是这些，这些就是幸福的指标，如今真正拥有了，紫萱才发现这一切带给自己的都是空虚，更加深度和无望的空虚，生活甚至比贫穷的时候更苍白无力，至少穷的时候还有目标。

紫萱是一个下海经商的女强人，曾经，她不满足于老公每天三尺讲台的清贫，因此毅然和老公离了婚，还同时放弃了三岁的女儿，一个人来到海南打拼。

如今，回忆起曾经那个只有两间平房的家，紫萱的心中居然充满了无限的感动和向往。住着大别墅的她，面对着空空荡荡的房子，无限地期望着家。紫萱偷偷地回到自己曾经一刻都不想再停留的小城市，回到了丈夫工作的学校，回到了学校分给他们的两间平房，看到丈夫正在做饭，屋内是缭绕的热气，散发出蛋炒饭的香气。吃惯了山珍海味的紫萱突然很渴望能够吃到一碗丈夫做的蛋炒饭，因为那是家的味道，远非其他的美味可比。然而，紫萱不知道这里还能不能称之为自己的家。紫萱在家门外徘徊了整整三天，看着女儿每天清晨笑靥如花地和丈夫告别去上学，看着丈夫每天夹着课本和教案进进出出，听着日落黄昏时家中穿出来的欢声笑语。紫萱突然知道了什么才是真正的幸福。

她毅然回到海南，处理了公司和自己所有的财产，回到了这个默默无闻的小城。她要祈求丈夫和女儿的谅解，回到这个能让她听到幸福声音的家!

幸福和金钱物质无关，相反，金钱和物质的极大丰富却会使我们的心迷失方向，失去宁静，因为再也感受不到幸福的滋味。幸福不喜欢热闹，是需要每个人静静地用心体味的。我们每个人都曾经追求很多东西，却不要忘记，幸福住在你的内心深处。

越简单越快乐

我们在一生中，总会有许多的追求，许多的憧憬，也总是会面临许多的诱惑。我们或追求真理，或追求刻骨铭心的爱情，或追求理想的生活，或追求金钱，或追求名誉地位等，但太多的欲求是否会让我们的生命难以承受其重呢？生命之舟若是太过沉重，生命就不再是一个蓬勃向上和快乐进取的过程，而会成为一个痛苦无奈的延续，而一个在痛苦中挣扎的生命，即使拥有的东西再多，也都暗淡无光。

就像古人所说“大道至简”，其实，真正快乐的生活应该也是简单的，或者说，最简单的生活才是最快乐的。当然，这种简单并不是贫乏或贫穷，而是繁华之后的一种追求，是一种去繁就简的境界。越简单越快乐，这确实是简单的真理，因为简单，我们的心很容易知足，哪怕是生活中一个细小的惊喜，也会使我们变得快乐不已，这时快乐已经不再那么奢侈，而是很容易就能获得。

在宏村，有一位德高望重的老人，他是一位医术精湛的老中医。他行医的宗旨是悬壶济世，解人疾苦。对于那些贫困的病人，他不仅免费医治，而且给予精神安慰和金钱上的帮助。

他在家乡行医半个多世纪，积蓄颇为丰厚，于是他在家乡开办了一座济老院，收留那些晚年无依无靠的老人，这个济老院完全是慈善性质的。

虽然老人花了大笔的钱来办济老院，但他自己的生活却坚持一切从简的原则。在宏村行走，他常年穿戴的都是旧而干净的布衣布帽布鞋，这些衣物的历史都在三十年以上，宏村的人们很少见到他添置新的衣帽，平时家里人置办新的衣服给他，他也不穿，而是将这些崭新的衣服送给那些缺少衣服的人。在饮食上，他更是主张粗茶淡饭，以素食为主。生活如此之简单，老人却生活得异常快乐，他闲来没事时就会去济老院陪那些老头老太太唠家常、叙往事。老人七十岁的时候，他在济老院的前后种植了大片的竹子，等到他一百零一岁逝世时，竹子已经是郁郁葱葱，蔚然成林了。

后来，宏村的人为了纪念这位老人，专门在竹林前立碑，除了记述老人的生平事迹以外，还为这片竹林题下了“慈竹林”这三个大字。

简单的生活，首先应该有简单的心态。老中医舍得花大笔的钱来办济老院，做慈善事业，但并不意味着他在自己的生活中也是大手大脚，甚为讲究，相反，他自己的生活一切从简，一点也不烦琐。恰恰是因为这样简单的心态，所以他更容易获得快乐，从而也获得了长寿。

美籍华裔数学家陈省身教授曾这样说道：“把奥妙变成常识，复杂变为简单，数学是一种奇妙有力、不可或缺的科学工具，人生也是一样，越是单纯的人，就越容易成功。简单既是思想，也是目的。人生是一种乐趣，一种创造。人生快乐，快乐人生，生活的动力就是不断寻找和发现乐趣。生命是否有意义，包括事业、家庭生活、健康长寿等，都和快乐有关。一个人一生中的时间是有限的，应该集中精力做一些好事。”当交错复杂的生活变得简单，你会发现快乐也是比较容易获得的生活，因为我们心中已经无欲无求，在这样的心境下，自然就容易变得快乐。

追究简单极致的生活，需要适当控制自己的欲望，这些欲求是指物质生活和人际交往这方面；而对于精神的追求，反而会更多。因为只有一个在物质和世俗关系方面追求很少的人，才可能有更多的时间去追求精神世界的丰富多彩。当然，欲望是难以克制的，欲望本身也是有利有弊的。

有“度”的欲望是人生命的内在动力，是人们奋斗和追求事业成功的推动剂；但是，一旦超过了限度，人的欲望就会像一匹脱缰的野兽，将自己拖入无底的深渊。一个追求简单生活的人会心无旁骛，将那些引起自己烦恼的事物丢掉，不让它干扰自己的身心和脚步。简单使人快乐，简单生活是快乐的绝世法宝。

放平心态，与世无争

活在这个喧嚣的世界上，我们想要得到的太多。例如，我们拥有了健康的身体，便想得到更多的财富；当我们变得富裕了，我们还想要受人敬仰的社会地位；当财富权势都得到了，看着渐渐老去的容颜，我们希望自己能够永葆年轻；即使拥有了年轻，我们还想要爱情、激情；当一切都得到满足了，我们发现自己老了，于是，我们想让时间逆转，重回年轻。而这一切的一切，假如我们的身体不健康，便会成为浮云，成为什么都不是的东西，在生老病死之前，我们唯一想要的就是健康。然而，等到我们真正明白了这些道理，我们已经没有时间去改变了。总之，我们的欲望太强，我们想要得到的太多。大部分人的生命被消耗在这些无谓的事情上，直到生命的最后一刻才知道自己真正想要的是什么。

其实，人生所必需的东西很简单，那就是健康和快乐。科学研究证实，健康和快乐与金钱和物质无关。很久以前，人们就说过，金钱买得来床铺，买不来睡眠；金钱买得来房屋，买不来家；金钱买得来婚姻，买不来爱情。当看清楚这一切的时候，人们才能够对人世间一切浮华的事物放平心态。试问，当为了金钱、物质、名利而导致自己的身体过度疲劳、日渐衰微的时候，这一切值得吗？人们肯定都会说不值得。但是，当身体健康的时候，人们却都争先恐后地去抢夺这些虚无缥缈的东西。其实，真正的大智慧不是去争取这些东西，而是放平心态，与世无争。

小吉被所有的同事认为是最傻的人，原因是他明明板上钉钉地能够当上车间主任，但是他却主动拱手相让给了竞争对手王宝。原来，王宝的老母亲瘫痪在床，妻子又刚刚下岗，对于王宝来说，车间主任每个月三百多的岗位津贴是雪中送炭。而小吉呢？尽管他的家庭条件也不是很好，但是他却不是非这三百来块钱不能活。正是处于这种考虑，小吉主动退出竞争，让王宝理所当然地当上了车间主任。对于这一切，知道的同事都说小吉傻，因为这件事情并非只有三百多的岗位津贴的区别，要知道，一步提前步步提前，一步落后步步落后。此时王宝还能记得感激小吉，日久天长，王宝还能记得自己是如何当上车间主任的吗？原本的下级变成了上级，对小吉有何好处呢？对此，小吉却不这么想。他说："不管是名还是利，无非都是身外之物。人活着，为的就是心安。只有心安，才能活得坦荡。我做这件事情根本没有想让谁感激我，我只是为了自己心安。我觉得是对的，所以就去做了。"

事例中的小吉，为了帮助王宝，主动退出竞争，把车间主任的职位让给了王宝。对此，他并非想要得到什么，而只是觉得自己应该去那么做。尽管我们很难找到十全十美的好人，但是，对于别人的需求能够坦然相助并且不计较自己的得失的人，无愧于自己的心。

世界上欲望很多的人总是有很多要追求的东西，因此，他们既害怕失去，又害怕得不到，做人便多了几分胆怯。只有那些与世无争的人，只有那些无所谓得到也不为失去绝望的人，才能更加坦然地面对人生的风雨和坎坷。

强者的天空不需要浮躁的乌云

很多人有着平淡的生活和还算稳定的工作，但却总是感觉生活缺乏生气，日子过得无聊至极。他们不曾发觉原来自己也是很幸福的，只是因为长期沉浸在消极状态中，所以忧愁烦闷、失落悲观，沉浸在过去的往事与对未来生活的迷茫中，浮躁的心无法平静。

每个人内心深处都给消极心态留有一片空间，即使很不情愿，但消极心态总是时不时地光临。特别是当人们受到挫折、感到畏惧时，这种心态表现尤甚。消极心态能够摧毁人的信心，使希望泯灭。消极心态就像一剂慢性毒药，使人满满的意志消沉，失去战胜困难的勇气，遇到困难总是往最坏的方面考虑，幸福也就与其背道而驰。消极心态是开发潜能和创造力的大敌，它具体表现为愤世嫉俗、没有目标、缺乏动力、心存侥幸、缺乏恒心、不懂自律、懒散不振、自卑懦弱、清高傲慢等。

一个被消极心态困扰的人，纵然嘴中可能时常在念叨成功、幸福、好运，但这一切都因为他们心中充满着恐惧、畏怯、消极、怠慢等而变得虚无缥缈。

许多年前，美国南方各州居民都是用烧木柴的壁炉来取暖。有一个樵夫，他给一家人供应木柴达两年多之久。这位樵夫知道木柴的直径不能大于18厘米，否则就不适合那家人特殊的壁炉尺寸。

但由于工作疏忽，每次送过去的木柴，都有些尺寸过大的。主顾发现这个问题后，就打电话给他，要他调换或者劈开这些过大的木柴。

“我不能这样做，”这个樵夫说道，“这样花费的工价就会比全部柴价还要高。”说完，他就把电话给挂了。

这个主顾没有和樵夫反复争执，而是在饭后亲自来做劈柴的工作。大概在这项工作进行了一半时，他注意到一根非常特别的木头，这根木头有一个很大的节疤，节疤明显地被人凿开又堵住了。这是什么人干的呢？他掂了掂这根木头，觉得它很轻，仿佛是空的。他就用斧头劈开，一个发黑的白铁卷掉了出来。他蹲下去，拾起这个白铁卷，把它打开，吃惊地发现，里面包着一些很旧的50美元和100美元两种面额的钞票。他数了数有2250美元，很明显，这些钞票在这里已有很多年了。这个人唯一的想法是使这些钱回到它的真正主人那里，于是他拿起电话又打给那个樵夫，问他从哪里砍了这些木头。这位樵夫消极地以为主顾想探听木柴的来源，为了维护自己的利益，他没有告诉主顾任何信息。

结果，心态更为积极的主顾就毫不费力就收获了一笔金钱。而那个心胸狭窄、心态消极的樵夫则继续辛苦地劳作，从不曾遇到类似的“不劳而获”的事情。

在这个故事中，具有积极心态的人发现了钱，而有消极心态的人却与钱擦肩而过。好运在每一个人的生活中都是存在的，然而，以消极的心态对待生活的人却会阻止好运造福于他。人通常都希望自己好运，最直接的就是发一笔横财，改善生活质量，但如果没有积极的心态，好远怎么会走到你面前？

哲人说，在人一生的航程中，消极心态者一路上都在晕船，无论目前境况如何，他们对将来总是感到失望、恶心，那么还谈何快乐、好运和幸福？更谈不上充分享受人生旅程中美好的风光。

莉莉在一家夜总会里做事，收入不多，然而，她总是过着非常快乐的生活。

莉莉很爱车，但是，凭她的收入想买车是不可能的事情，与朋友们在一起的时候，她总是说：“要是有一辆车该多好啊！”眼中尽是无限向往之情。

后来有人说：“你去买彩票吧，中了大奖就可以买车了！” 于是莉莉买了两块钱的彩票。可能是上天过于垂青她了，朋友们几乎不敢相信，莉莉就凭着一张两块钱的彩票，中了大奖。莉莉终于实现了自己的愿望，她买了一辆车，整天开着车兜风，夜总会也去得少了，许多人看见她吹着口哨在林荫道上行驶，车子擦得一尘不染。有一次莉莉把车泊在楼下，半小时后下楼时，发现车被盗了。

刚开始，莉莉有些遗憾，但更多的是气愤，她恨透那个偷车贼了，不断地咒骂他，但心里仍很不舒服。过了一整晚，她的情绪仍然暴躁，但天亮时，她又思考了很久，突然变得很开心了。

清晨时分，几个得到消息朋友想到她爱车如命，花这么多钱买的车眨眼工夫就没了，都担心她受不了，就相约来安慰她。

朋友们说：“莉莉，车丢了你千万不要悲伤啊！”莉莉却大笑起来：“嘿，我为什么要悲伤啊？”朋友们互相疑惑地望着。

“如果你们谁不小心丢了两块钱，会悲伤吗？”莉莉说。“那当然不会！”有人说。“是啊，我丢的就是两块钱啊！”莉莉笑道。

是的，不要为两元钱而悲伤。莉莉之所以过得快乐，就因为她没有在抱怨、悔恨等消极心态的影响下生活，而是很快调整心态，看淡了丢车这件事。从莉莉的故事中我们看到，当生活中有大的变故出现，如果自己的心态在变化中不自然地趋于消极状态，就必须调整心态，才有可能开启幸福生活的新篇章。

不顺心的事在人的生活中经常发生，这时，你不妨想想开心的事情，看个笑话、读个故事，在微微一笑间，敞开你的胸怀，让笑化解种种不快和矛盾，把消极心态消灭在萌芽状态。

有的人情绪化较强，脾气太坏，心态也容易受到影响，不断波动。最好的办法是找一位你信得过的人，在你控制不住感情、心态消极的时候，让他给你提个醒：请不要消极思考。

参考文献

[1]李涵.发脾气是本能，控制脾气是本事[M].北京：企业管理出版社，2020.

[2]肖卫.别让坏脾气毁了你[M].北京：北京时代华文书局，2015.

[3]默然.别让坏脾气拖累了你[M].哈尔滨：北方文艺出版社，2019.

[4]高英.脾气没了 福气来了[M].北京：中国长安出版社，2012.

[5]文竹.管好你的坏脾气[M].北京：当代世界出版社，2019.